cheese

チーズ

手軽に作れる
チーズ料理&世界のチーズカタログ

チーズ&ワインアカデミー東京　講師　中川定敏監修

はじめに

日本にはじめてチーズらしきものが登場したのは6世紀半ば。百済より仏教とともに「酥（そ）」と呼ばれるチーズの原型が入ってきたのが最初です。

さぞや、いにしえの人々の嗜好には合わなかったろうと思いきや、意外にも美と健康の妙薬として珍重され、朝廷の貴族たちだけが口にすることを許されました。

そして７００年ごろ、時の天皇が諸国の国司に酥を献納することを命じると、武士が台頭してくる平安末期までの約４００年間、酥はわが国で貴族のために作られるようになりました。

というのが、日本のチーズ文化の幕開けのお話ですが、欧米の文化とばかり思われていたチーズが、実は古く日本でも作られていたというのは大変興味深い話です。

長年、チーズは日本人の食生活に合わない、嗜好に向かないといわれ続けてきましたが、これは固定観念にすぎなかったのかもしれません。

事実、近年、チーズは市場でちょっとしたにぎわいを見せています。これを単なるブームと揶揄《やゆ》する声もありますが、もともと他国の文化を取り入れることに長けた日本では、ブームが新しい文化の火つけ役となった例も少なくありません。

　であれば、私たちは、この小さなブームを積極的に応援し、日本に新しいチーズ文化が根づく一助となることを望んでやみません。

　チーズには大きく分けてナチュラルチーズとプロセスチーズがありますが、この本で扱うチーズはすべてナチュラルチーズです。近頃では、ずいぶん多くの店でナチュラルチーズを扱うようになりましたが、その種類がかなり多いため、チーズは難しいと思われがちです。

　そこで、本書は、チーズ売り場を見て歩く感覚で、また、ひとつのチーズを手に取ったとき、店員さんにどんなチーズで、どんな食べ方をすればいいかを尋ねる感覚で楽しんでいただけるよう心掛けました。

　本書が、新たなるチーズの素晴らしさと出会うきっかけになれば、これにまさる喜びはありません。

もくじ CONTENTS

はじめに ……………………………… 2
もくじ ……………………………… 4

part 1
how to cheese
チーズの基本知識

チーズの基本知識 ……………… 7
チーズはじめて物語 ……………… 8
チーズの種類いろいろ ……………… 10
チーズの作り方 ……………… 14
おいしくチーズを食べるためのQ&A ……… 18
使える　ツール＆グッズ ……………… 29

part 2
cheese dishes 28
チーズを使った料理28
チーズを使った料理28 ……33

チーズムースのサーモンロール ……34
セルヴェル・ド・カニュ ……36
リコッタのパッリーネ　生ハム添え ……38
ゴルゴンゾーラのセロリ添え ……40
米のサラダ ……42
ロックフォールのオードヴル ……44
アリゴ ……46
キッシュ・ロレーヌ ……48
リヨン風サラダ ……50
モッツァレッラのホットサンド ……52
オニオングラタンスープ ……54
カマンベールのフォンデュ　シードル風味 ……56
じゃがいものグラタン ……58
フォンドゥータ ……60
トロフィエのペスト和え ……62
ピッツァ・マルゲリータ ……64
フリッタータ ……66
パルメザンのリゾット ……68
ブカティーニのアマトリーチェ風 ……70
ペンネの4種チーズソース ……72
豚肉のコルドン・ブルー風 ……74
シュペツレのフロマージュ・ブラン風味 ……76
仔牛の詰め物きのこソース ……78
ディヤブロタンのノルマンディ風 ……80
牛ステーキのゴルゴンゾーラソース ……82
マンステールとじゃがいものグラタン ……84
リコッタのコロッケ ……86
シチリア風カッサータ ……88

パンとチーズの基本的な相性 ……90

part 3
cheese selection 91

チーズセレクション91 ････97

フレッシュタイプ ････98
くせのない、生まれたての無垢なるチーズ

白かびタイプ ････114
くせの少ないマイルドな風味が人気

ウォッシュタイプ ････130
地酒などで洗いながら仕上げる食通好みのチーズ

シェーヴルタイプ ････146
おいしい旬は、復活祭から万聖節まで

青かびタイプ ････162
特有の芳香と舌を刺すシャープな風味が魅力

セミハード＆ハードタイプ ････178
長期間の熟成によって、旨みを増したチーズ

ストレーザ協定って何？ ････208
フランスのAOCとは？ ････210

part 4
cheese shop 22

チーズショップ22 ････213

index ････220

世界のチーズ

フランス ････32
イタリア ････96
オランダ ････149
スイス ････183
デンマーク ････191

コラム

AOCを持たないカマンベール ････119
シェーヴルにはなぜ木炭粉がまぶしてあるのか？ ････159

part 1
how to cheese

チーズの基本知識

チーズの種類や作り方、道具の紹介はもちろん、
おいしくチーズを食べるために大切な保存方法や買い方など、
知っておくと得する知識満載です。

チーズはじめて物語

cheese

チーズはいつごろから食べられているのでしょうか。
世界の国々でのチーズのはじめてを集めてみました。

モンゴル

紀元前より騎馬民族であり、遊牧民族であった古代モンゴル族は、BC3世紀頃にはすでに家畜の乳を利用していたと思われます。

この国を代表する硬質チーズ「ホロート」は、チンギスハン率いる騎馬戦団が遠征の際、兵糧として携行したと伝えられます。

日本

6世紀に、仏教とともにチーズの原型ともいわれる「蘇(そ)」が伝来したという史実が残されていますが、朝廷の貴族たちだけの食べ物で、一般庶民の口には入りませんでした。

ギリシャ

モンゴルや西アジア周辺で発祥したチーズ作りの技術が、イスラエル、イラン、イラク、トルコなどを経てギリシャに入ったとの説が有力です。

古代ギリシャの詩人ホメロスも『オデュッセイア』の中でチーズについて触れていて、この国のチーズ作りの歴史の古さがうかがえます。

山がちなこの国では、石灰岩質の多い岩山でも飼える山羊や羊の乳から作るチーズが主となっています。

チベット ネパール

ヒマラヤの山岳地帯にすむヤク（高山牛）、水牛、山羊などの乳からチーズが作られています。

イタリア

ギリシャで発達したチーズ作りの技術は、ＢＣ１０００年頃、エトルリア人よりイタリアに伝えられ、ここでさらに高度な技術に発展したと考えられます。

アラビア半島

アラビアの旅商が羊の胃袋で作った水筒に山羊乳を入れて旅に出たところ、数時間、砂漠を旅した後に水筒をあけると、透明な水と白い固まりが出てきたとか。これがすなわちホエー（乳清）とカード（凝乳）。チーズはこうしてアラビア人によって偶然作られたとアラビア民話では伝えています。

チーズの種類いろいろ

cheese

世界には1000種類以上のチーズがあるといわれています。ここではチーズの分類の仕方について説明していきましょう。

ナチュラルチーズとプロセルチーズの違いは?

チーズには、大きく分けて、ナチュラルチーズとプロセスチーズの2種類があります。

ナチュラルチーズというのは、牛、山羊、羊などの乳を、乳酸や酵素で凝固させた後、カード（凝乳）からホエー（乳清）を除き、発酵・熟成させたものをいいます。

これに対して、プロセスチーズは、1種類または複数のナチュラルチーズを粉砕して加熱溶解し、乳化剤を加えて固めたものをいいます。

ヨーロッパでチーズといえばナチュラルチーズ

日本では、まだまだプロセスチーズのほうが身近な存在ですが、ヨーロッパでは、「チーズ」といえば、普通はナチュラルチーズを指すほど日常的で、その数も、ヨーロッパだけで800種類以上、世界的には1000種類以上あるといわれています。

この多種多様なナチュラルチーズを分類するにあたっては、原料乳の種類によって分ける方法や、硬さによって分ける方法、熟成の違いによって分ける方法など、さまざまなものがあります。しかし、世界中のチーズをひとつの分類法に従って明確に分類することは困難です。

そこで、日本では、「生地の状態」を基準にしたフランスチーズの分類法に準じ、以下の7つに分類するのが一般的です。

1 フレッシュタイプ
2 白かびタイプ
3 ウォッシュタイプ
4 シェーヴルタイプ
5 青かびタイプ
6 セミハードタイプ
7 ハードタイプ

フランスチーズの分類	日本の分類	主なチーズ名
フレッシュ	フレッシュタイプ	フロマージュ・ブラン カッテージチーズ クリームチーズ
やわらかな生地 (a) 花の咲いた表皮	白かびタイプ	カマンベール ブリー シャウルス
やわらかな生地 (b) 洗った表皮	ウォッシュタイプ	ポン=レヴェック マンステール リヴァロ
やわらかな生地 (c) 自然の表皮	※フランスでは、サン=マルスランやペライユなど、熟成が進むと自然の表皮ができるものを分類しているが、日本ではこのタイプに対応する表記がなく、サン=マルスランはフレッシュタイプに、ペライユはシェーヴルタイプに分類している。	
シェーヴル	シェーヴルタイプ	ヴァランセ サント=モール・ド・トゥーレーヌ クロタン・ド・シャヴィニョル
青かびの生地	青かびタイプ	ロックフォール ブルー・ドーヴェルニュ フルム・ダンベール
プレスした生地 (a) 非加熱	セミハードタイプ (半硬質タイプ)	ゴーダ モルビエ フォンティーナ
プレスした生地 (b) 加熱	ハードタイプ (硬質タイプ)	エメンタール グリュイエール パルミジャーノ・レッジャーノ

チーズは7タイプに分類される!

フレッシュタイプ

98ページ参照
熟成させていないチーズのこと。主なものにクリームチーズやモッツァレッラなどがあります。

白かびタイプ

114ページ参照
白いかびで表面が覆われているチーズ。主なものにカマンベールやブリーなどがあります。

ウォッシュタイプ

130ページ参照
チーズの外皮を水やその地方の酒で洗い流しながら熟成させるチーズ。主なものにポン=レヴェックやマンステールがあります。

シェーヴルタイプ

146ページ参照
山羊の乳から作られたチーズ。主なものにヴァランセ、クロタン・ド・シャヴィニョルがあります。

青かびタイプ

162ページ参照
青かびによって熟成させるチーズ。主なものにゴルゴンゾーラ、スティルトン、ロックフォールなどがあります。

セミハードタイプ

178ページ参照
水分の少ない半硬質タイプのチーズ。主なものにゴーダやトム・ド・サヴォワがあります。

ハードタイプ

178ページ参照
プレス器で圧縮して水分を抜いた硬質タイプのチーズ。ラクレットやパルミジャーノ・レッジャーノなどがあります。

チーズの作り方

cheese

チーズを作る工程は、チーズのタイプによって少しずつ違いますが、基本的な部分では共通します。ここでは、その概要を紹介します。

1 乳の凝固

チーズのタイプにより凝固の方法は2種類

乳が固まる作用には、「酸凝固」と「酵素凝固」の2通りあります。

本来、乳の中には乳酸菌が生きていて、その作用で乳糖と呼ばれる成分が分解され、乳酸が生まれます。

この乳酸の働きによって乳の酸度が高まると、「カゼイン」というタンパク質の一種が凝固します。これが「酸凝固」です。

しかし、チーズを作るときは、初めに乳を殺菌処理するため、乳酸菌も死滅してしまいます。そこで、実際には「スターター」と呼ばれる乳酸菌を温めた乳に加えます。

一方、「酵素凝固」というのは、凝乳酵素を加えて固める方法のことで、通常、仔牛の第4胃から抽出した酵素を加工した「レンネット」という凝乳酵素剤を用います。

前者の方法をとるチーズとしては、カッテージチーズやクリームチーズなどが代表的。熟成させるタイプのチーズは必ず後者の方法をとりますが、この場合も、乳酸菌を加えて酸度を高めた上で、凝乳酵素剤を加えます。

凝乳(＝カード)の切断と加温 2

乳清の切断方法やそのときの温度でタイプが分かれる

1の作業によって乳が固まってくると、豆腐のような固形物ができます。これを「凝乳（＝カード）」といい、分離した液体を「乳清（＝ホエー）」といいます。

チーズ作りの第2の工程は、凝乳から乳清を放出する作業です。その方法は、チーズによって異なります。

たとえばフレッシュタイプは、乳がもろもろの状態に固まり始めた段階でざるのような容器ですくって軽く乳清をきりますが、白かびタイプやシェーヴルタイプなどのソフトタイプのチーズの多くは、乳清を含んだままのカードを布に包んだり、穴の開いた型に詰めるなどして乳清をきります。

また、ハードタイプやセミハードタイプの多くは、凝乳が乳清に浸かっている状態で加温（クッキングという）し、撹拌《かくはん》しながら凝乳を切断します。これは、小さく切ることによって表面積を大きくし、乳清を出やすくするためです。

クッキングの温度は、チーズによって異なりますが、ハードタイプのチーズを作るときは50℃以上に加熱するのに対し、セミハードタイプの場合は40℃程度に温めるだけ。ハードとセミハードの分類は、ここで分かれます。

型詰めとプレス（圧搾）3

加圧の方式はタイプにより変わってくる

乳清をきった凝乳は、型に詰められた後、加圧して、さらに乳清を抜きます。

その方法もさまざまで、シェーヴルのように、穴の開いた型に詰めた後、自らの重さによって自然に乳清を抜く方法もあれば、エメンタールやグリュイエールのように、圧搾機にかけて強制的に乳清を抜くものもあり、パルミジャーノ・レッジャーノのように重石をのせる方法もあります。

ソルティング（加塩）4

塩を加える意味は風味づけだけではない

乳清が分離されたチーズは、型をはずし、塩をまぶしつけたり塩水に浸けて加塩（青かびチーズは、ミルクの段階もしくは凝乳を切断する段階で加塩）します。

こうして塩を加えることは、チーズの風味をよくするだけでなく、浸透圧によって乳清の排出をさらに促し、雑菌の繁殖を抑制する効果もあります。

5 熟成

熟成期間は4週間から2〜3年とさまざま

フレッシュタイプ以外は、圧搾を終えた後、それぞれのチーズに必要な温度と湿度の管理の下に熟成させます。

熟成期間は、ソフトタイプで4〜8週間、セミハード、ハードタイプで3か月以上ですが、中には、パルミジャーノ・レッジャーノのように、2〜3年間熟成させるものもあります。

おいしくチーズを食べるための Q&A

cheese

よりおいしくチーズを食べるために、チーズの選び方からカットの方法、保存方法までをここで説明しましょう。

Q1 Question チーズの選び方のポイントを教えてください。

A チーズのタイプにより違いますが、全体としてはしっとり感が大事

チーズのタイプによって選ぶポイントが異なることはいうまでもありませんが、どのタイプにも共通していえるのが「しっとり感」です。乾いたものよりもしっとりとしたもののほうがおいしいのはいうまでもありません。ではチーズのタイプ別に選ぶポイントを説明しましょう。

フレッシュタイプ

これは熟成させないチーズですから、できるだけ製造年月日が新鮮なものを買い求め、なるべく早く食べきるのがポイントです。

ウォッシュタイプ

表面がネバネバしたものと、さらっとしたものがありますが、どちらも中央部を押してみて弾力のあるやわらかさになっていれば食べごろです。縁の部分がかたくなっているのは若いか過熟のどちらかです。

白かびタイプ

外皮のしっとり感が大切で、乾いているとおいしくないばかりでなく、かびの苦みさえ感じられます。熟成具合と食べごろについては、どの程度の状態をおいしいと感じるかは人それぞれです。ただ、一般的には、製造後3～4週間目（輸入後2～3週間目）が食べごろといわれています。しかし、来客に合わせて“今まさに食べごろ”のものを選ぶというのでなければ、少し若いものを買い求めて、徐々に熟成していくのを楽しみながら、ご自分の好みの熟成加減を知っていくとよいと思います。

セミハード、ハードタイプ

ハード系のチーズは、ほかのチーズに比べると賞味期間が長く、品質も比較的安定してますが、「リンド」と呼ばれる外皮が乾燥していないか、中身にひびが入っていないかをよく確かめます。エメンタールのようにガスホールのあるチーズは、孔の形が正円に近いものを選びます。

シェーヴルタイプ

フレッシュなうちは酸味があって、塩味も風味もそれほど強くありませんが、熟成が進むにつれて強くなり、コクも増します。これも、白かびタイプ同様、少し若いものを買い求め、徐々に熟成していくのを楽しみましょう。時期的なことをいえば、山羊には搾乳期があり、春～夏に出回るものが最高です。冬は冷凍乳を使うので、やや粉っぽくなります。

青かびタイプ

青かびが均一に入っているものを選びます。また、店頭に並んだ時点ですでに十分熟成しているので、できるだけ輸入年月日の新しいものを選びます。このタイプは塩分が高いだけにホエーが出やすいのですが、表面ににじみ出たようなものは劣化しやすいので避けましょう。

Q2 Question

チーズの切り分け方はいろいろあって複雑そうですが、どのように覚えればよいですか？

A 熟成の進んだ部分と若い部分を均等に切り分けましょう

切り分け方がいろいろあるというのは、チーズの種類によって熟成の仕方や、形・大きさが違うからで、どのチーズも〝均等においしく〟切り分けるという目的は同じです。原則的には、どのひと切れにも外側と中心部が含まれるように、すなわち、熟成の進んだ部分と若い部分が均等に行きわたるように切り分けます。

たとえば、カマンベールのような丸形やポン＝レヴェックのような四角形ならケーキを切るように放射状に、サント＝モールのように筒形をしたものなら輪切りにします。

ウォッシュタイプや青かびタイプも原則は同じですが、これらは塩味や風味が強いので、ひと切れを小さめにしたほうがよいでしょう。

大型のハードタイプも同じですが、店頭で売られている状態が既に外側と内側を均等に切り分けた状態です。食べる前に、食べやすい厚さにスライスしたり、薄く削ったりするとよいでしょう。

円盤型

①フォークなどでチーズを押さえながら、円の中心部からナイフをいれる。

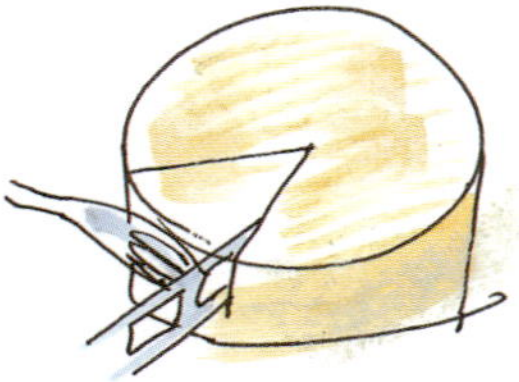

②ナイフの刃を抜き、チーズを少し回したら同じように中心部からナイフを入れ、扇形にカットする。

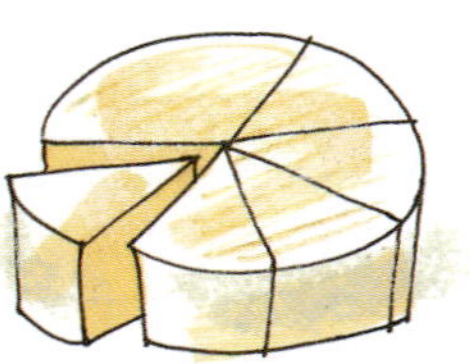

③同じように放射線状にカットしていく。

くさび形

①寝かせた状態で手前からイラストのように斜めに刃を入れる。

②次も同じような三角形になるようカットする。

三角形

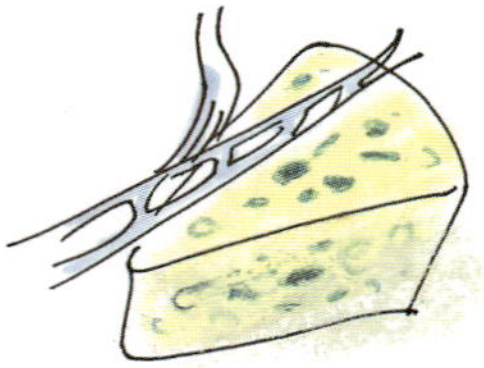

①フォークなどでチーズを押さえながら、とがったほうを手前にして、薄いくさび形になるようにカットしていく。

②ナイフを入れるとき全体に均等に力を入れながら押すように切るとうまくいく。

箱形

①フォークなどでチーズを押さえながら、四角の中心部から対角線上にナイフを入れる。

②ナイフの刃を抜き、三角形になるようにチーズをカットする。

筒形

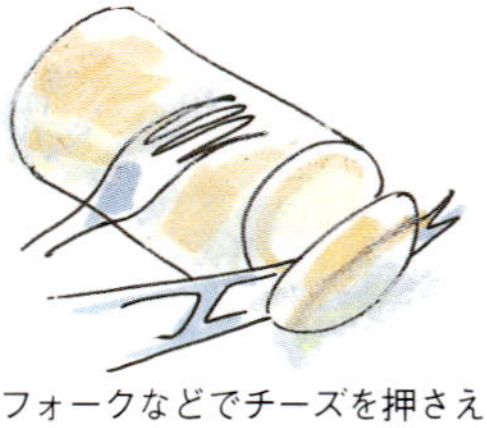

①フォークなどでチーズを押さえながらチーズの端を切り落とす。

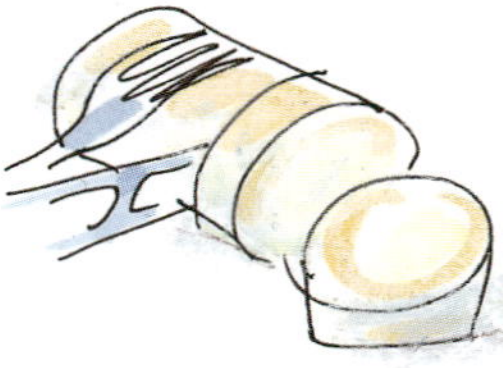

②好みの厚さに輪切りしていく。

台形

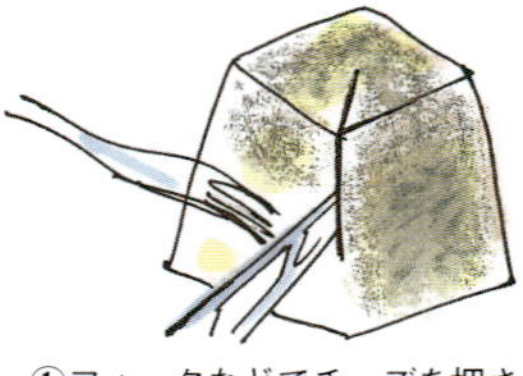

①フォークなどでチーズを押さえながら、中心から斜めにナイフを入れ、垂直に下ろす。

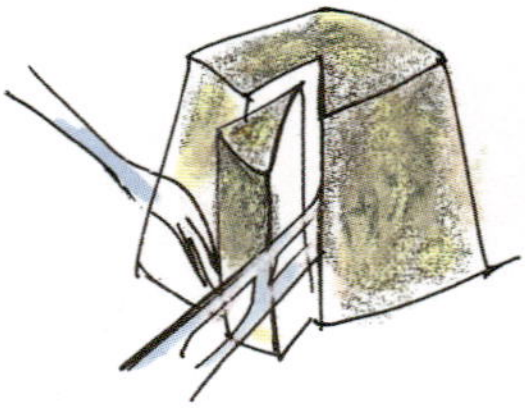

②薄いくさび形になるようにカットしていく。

Question Q3

チーズの上手な保存方法を教えてください。

A

乾燥しないように配慮することが大切

18ページでもお話したとおり、チーズは「しっとり感」が大切ですから、保存するときも、できるだけチーズが乾燥しないように配慮します。切り口はラップで包み、閉容器に入れて冷蔵庫で保存してください。

ここで厳密なことをいうならば、チーズは種類によって保存に適した温度が異なるということです。冷蔵庫内の温度は場所によって若干差がありますので、チーズによって置き場所を変えるという工夫をするとさらによいでしょう。冷凍保存は、風味が落ちるのでおすすめできません。

フレッシュタイプ

パッケージのまま冷蔵庫内の一番冷える場所（0～3℃程度）で保存します。開封後はできるだけ早く食べきるようにします。

白かびタイプ

切り口をラップで包んで密閉容器に入れ、保存します。適温は8～10℃です。スペースに余裕があれば、大きめの容器にレタスやパセリなどと一緒に入れておくと湿気を補う効果が期待できます。

ウォッシュタイプ

シェーヴル同様、ラップに包みっぱなしにすると蒸れることがあるので、ラップはゆるめにかけます。しばらく外に出して乾燥してしまった場合には、ガーゼを濡らしてよく絞り、これで包んでおきます。適温は８～10℃です。においがほかの食品に移らないよう密閉容器に入れておきます。通常、製造後４週間くらいで輸入されますが、保存状態がよければ輸入後４週間はおいしさを保てます。

青かびタイプ

５℃前後を保てる場所で保存するのが理想的です。青かびは光が大敵ですから、ラップで包んだ上からアルミホイルで覆います。

セミハード・ハードタイプ

ほかのチーズ同様、切り口をラップで包み、密閉容器に入れて保存します。適温は少し高めの６～10℃。野菜室が適しています。

シェーヴルタイプ

ラップで包みっぱなしにしておくと蒸れることがあるので、表面を乾かしてから、少しゆるめにラップをかけます。これも密閉容器に入れて保存します。適温は６～８℃です。

Question

Q4 世界三大ブルーチーズといわれているロックフォール、ゴルゴンゾーラ、スティルトンの見分け方を教えてください。

A 肌のなめらかさとかびの入り方で違います

まず、3つのチーズの表面的な違いについてご説明します。大きな違いは、肌のなめらかさとかびの入り方です。もっともなめらかなのがゴルゴンゾーラ。かびは、縦に走る筋目を中心に入っているのが特徴です。

ロックフォールは、ゴルゴンゾーラより水分（乳清＝ホエー）含有量が少ない分、なめらかさはなく、ぶつぶつと孔があいたような肌をしていて、孔にかびが集中しているように見えます。スティルトンは、ロックフォールよりもさらに水分が少なく、表面が少しかさついて見えます。かびは大理石模様のように全体に広がっているのが特徴です。こうした違いは、それぞれの作り方の違いからきています。

作るときに、カード（凝乳）は細かく切るほど水分（乳清＝ホエー）が抜けます。3つのなかではスティルトンがもっともカードを細かく切るので、水分量が一番少なく、その逆に、ゴルゴンゾーラはカードを大きく切るので、水分が多く残っていて、なめらかというわけです。

また、青かびは、熟成中のカードに針を刺して空気の流通を促し繁殖させます。したがって、かびは針穴に沿って入りますが、その様子が一番よくわかるのがゴルゴンゾーラです。先ほど「縦に走る筋目」といったのも、この針穴の跡です。他の2つはゴルゴンゾーラほど鮮明に針穴の跡が残っていませんが、これは水分含有量が少なく、カードの粒子が粗いため、針穴の跡がわかりにくくなっているというだけで、作り方は基本的には同じです。

ロックフォール

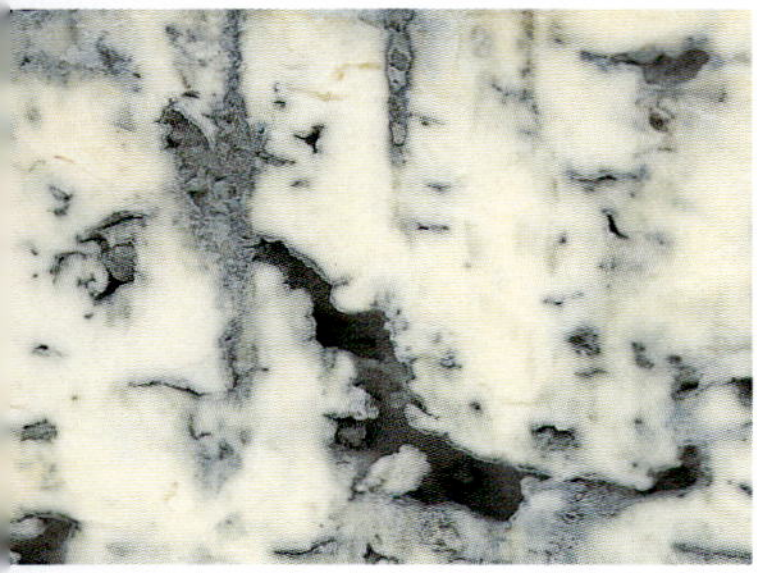
ゴルゴンゾーラ

スティルトン

Question Q5

ロックフォール、ゴルゴンゾーラ、スティルトンの味わいの違いを教えてください。

A

水分の違いから塩味の感じ方が違います。

まず、Q４でもご説明したとおり、この3つのチーズは、作る段階でカード（凝乳）を切断するときの大きさが違うことから、水分（乳清＝ホエー）含有量が異なります。あらためていうなら、ゴルゴンゾーラがもっとも水分が多く、舌ざわりがなめらかです。特に「ドルチェタイプ」と呼ばれるものは、塩味、風味がマイルドなので、青かびチーズを食べ慣れない人には一番なじみやすいかもしれません。

塩味が強いのがロックフォール。これは、ゴルゴンゾーラやスティルトンが牛乳製であるのに対して羊乳製ですから、風味もかなり個性的です。この風味が敬遠されることもありますが、慣れると病みつきになるといわれています。

スティルトンは、ほかの2つが型詰めして成形した段階で塩をまぶすのに対し、カードの段階で塩を混ぜ込むのが特徴です。そのため、塩味がマイルドに感じられ、青かびの心地よい苦みとミルクの甘みがうまく調和しています。これら3つのチーズを同時に食べ比べる機会は少ないかもしれませんが、それぞれの個性がわかるようになると、ブルーチーズの楽しみ方はもっともっと広がるでしょう。

Question

Q6 ホームパーティでチーズの盛り合わせを出したいのですが、どんなものを用意すればよいでしょう？

A 3種類くらい、個性の違うものを用意しましょう。

ホームパーティでは、なかなか、レストランほどたくさんの種類を揃えるわけにはいきませんが、最低でも3種類はあったほうがいいと思います。

問題は組み合わせです。どんなチーズもそれぞれ個性があっておいしいのはいうまでもありませんが、同じようなものばかりでは面白みに欠けます。また、くせの強いタイプばかりが並んでいても、個性が埋没したり、それを苦手とするお客様に敬遠されてしまいます。

ですから、まず、ひとつはクリーミーでくせのないものを入れるようにします。ふたつ目は、自分の一番好きなチーズを入れます。これが一番おいしいと自信をもってすすめられることが何より大切なおもてなしだからです。そして3つ目は、ほかの2つと違うタイプ。たとえば、ほかの2つが牛乳製ならシェーヴルにするとか、ソフトタイプならハードタイプにするなど。

また、季節を考慮に入れることも大切です。春から夏にかけてはシェーヴルがもっともおいしい季節。秋から冬にかけては熟成期間の長いタイプ、ハードタイプやウォッシュタイプが食べごろを迎えます。

これらのことを基本にすれば、かなり気のきいたプラトーが作れると思います。

さらに凝った演出をするならば、器に「パニエ」と呼ばれる籐で編んだかごを使ったり、葉っぱや花、フルーツを添えたりして、見た目もおいしそうに飾ります。

パンも、バゲット一辺倒でなく、ライ麦パンやドライフルーツ、ナッツのたくさん入ったものを薄く切って添えると、レストランも顔負けです。

Question Q7 プロセスチーズとナチュラルチーズの違いを教えてください。

A プロセスチーズはナチュラルチーズを加工したものです。

ナチュラルチーズとは、乳に乳酸菌や凝乳酵素などを加えて発酵させ、凝固させたもの（熟成させないタイプと、熟成させるタイプがある）。

　これに対して、プロセスチーズは、ナチュラルチーズに乳化剤や水を加え、加熱して溶かし、再度凝固させたものをいいます。

　こうした作り方の差によって、味わいの上でどのような違いが生じるかといえば、ナチュラルチーズのほうは、乳酸菌や酵素がまだ生きていて、熟成が進むにつれて味わいが刻々と変化するのに対して、プロセスチーズのほうは、加熱殺菌によって乳酸菌等が死滅してしまうため、熟成による変化がまったく期待できないということです。しかし、これは、一定の品質を保つことができ、長期保存がきくということでもあり、どちらがよい、悪いということではありません。

　ちなみに、プロセスの発祥地はスイスで、1911年のこと。その後アメリカで本格的に作られるようになり、世界中に広まりました。

　原材料となっているのは、主にセミハードタイプのチーズ。ナチュラルチーズの味わいにできるだけ近づけて作られたものから、スモークの香りをきかせたもの、ハム、ナッツ、フルーツ、胡椒などを加えたもの、あるいは、スプレッドタイプや料理用にとろけるタイプのものまで、種類は豊富にあり、おいしさはいろいろです。

Question Q8

A カマンベールの食べごろを教えてください。

若いものを購入し、自分が好きな熟成度合いを知りましょう

どの程度の熟成状態を食べごろと思うかは人それぞれです。ただ、一般的には、製造後7～8週間目（輸入後2～3週間目）といわれています。でも、少し若いものを買い求めて、徐々に熟成していくのを楽しみながら、好みの熟成加減を知っておくのもよいでしょう。カマンベールの熟成は、写真を見ていただいてもわかるとおり、外側から内側に向かって進んでいきます。ご自分で確かめるのであれば、中心を押さえてみて、かたい手応えがあり、芯があるようなら若い状態、中心までやわらかくなっていれば熟成が進んでいると判断するといいでしょう。ただし、お店で無断で商品に触れるのはマナー違反であることは心がけておきたいものです。

カマンベールの熟成

まだ中心に芯があって未熟な状態。

中心にやや芯があるが、
若めの味が楽しめる状態。

完熟状態。中まで熟していて食べごろ。

もっとチーズを楽しむための使える
ツール＆グッズ

切ったり保存したりは
専用のグッズを使えば簡単にできます。
ここではかわいいグッズを紹介しましょう。

パルミジャーノ・レッジャーノをパスタやサラダに。おろしたてのチーズはひと味違います。チーズおろし（大）￥600／東急ハンズ渋谷店

チーズ
グレイター

パルミジャーノ・レッジャーノなど
ハードタイプのチーズを
すりおろすときに使います。

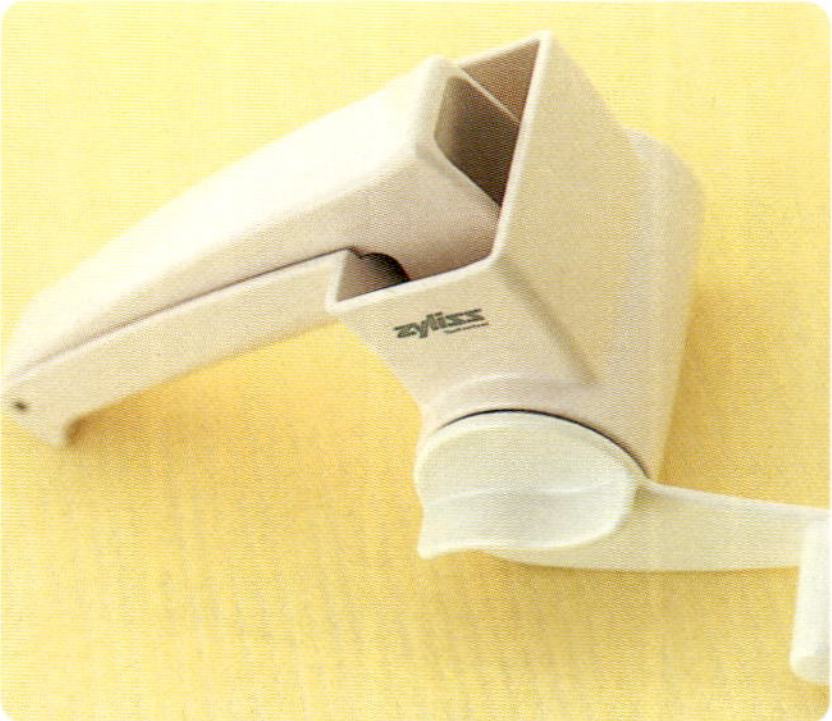

ハードチーズは削るのも一苦労。これはくるくる回すだけの優れものです。チリス　チーズグレイター￥2600／東急ハンズ渋谷店

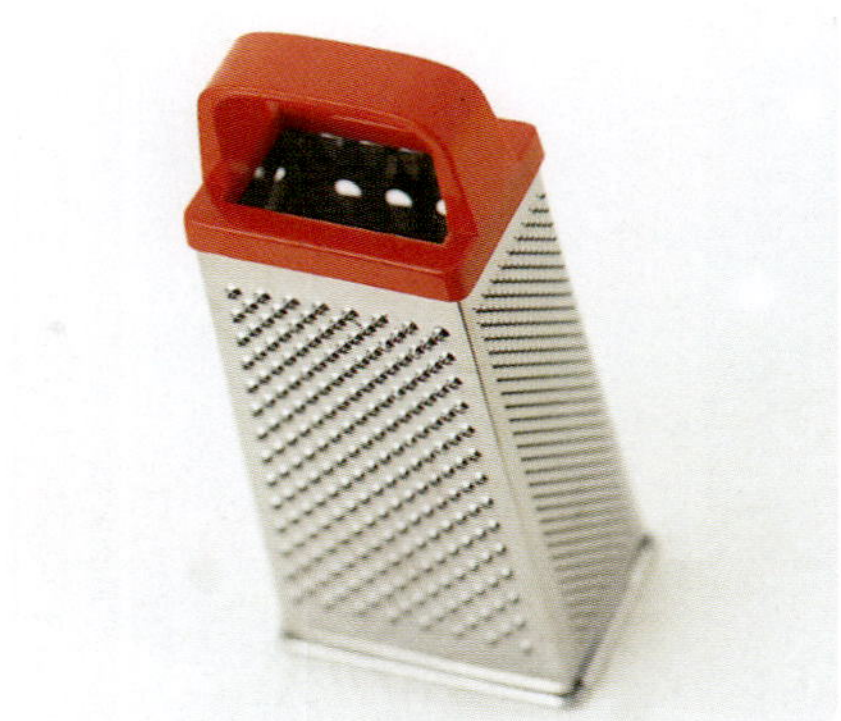

荒削りから細かい目のものまで4面ついて便利。チーズ以外にも使えます。プレステージ四面グレイター￥1200／東急ハンズ渋谷店

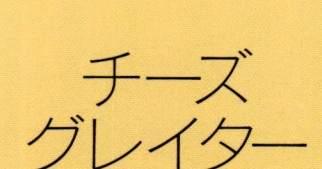

ボード＆ストッカー

**チーズを楽々カットできる
ボードや保存に便利な
ストッカーはひとつはほしいもの。**

チーズを楽々きれいにカットできるのでとても便利。チーズスライサー付きステンレス製チーズボード¥1625／ニイミ洋食器店

そのまま飾ってもかわいいチーズボード。手前スイス製チーズボード¥1200／ヴァランセ、奥チーズカッター角ミゾ¥1600／東急ハンズ渋谷店

ちょっとおしゃれな木製版は、チーズがくっつかないのがうれしい。チーズスライサー付き木製チーズボード¥5180／ニイミ洋食器店

チーズ専用の小さなストッカー。冷蔵庫にそのまま入れても邪魔になりません。アクリルチーズキーパー¥1500／東急ハンズ渋谷店

スライド式なので、出し入れが楽。ケーキなどのストッカーとしても使えます。プチドーム　クリア¥5800／東急ハンズ渋谷店

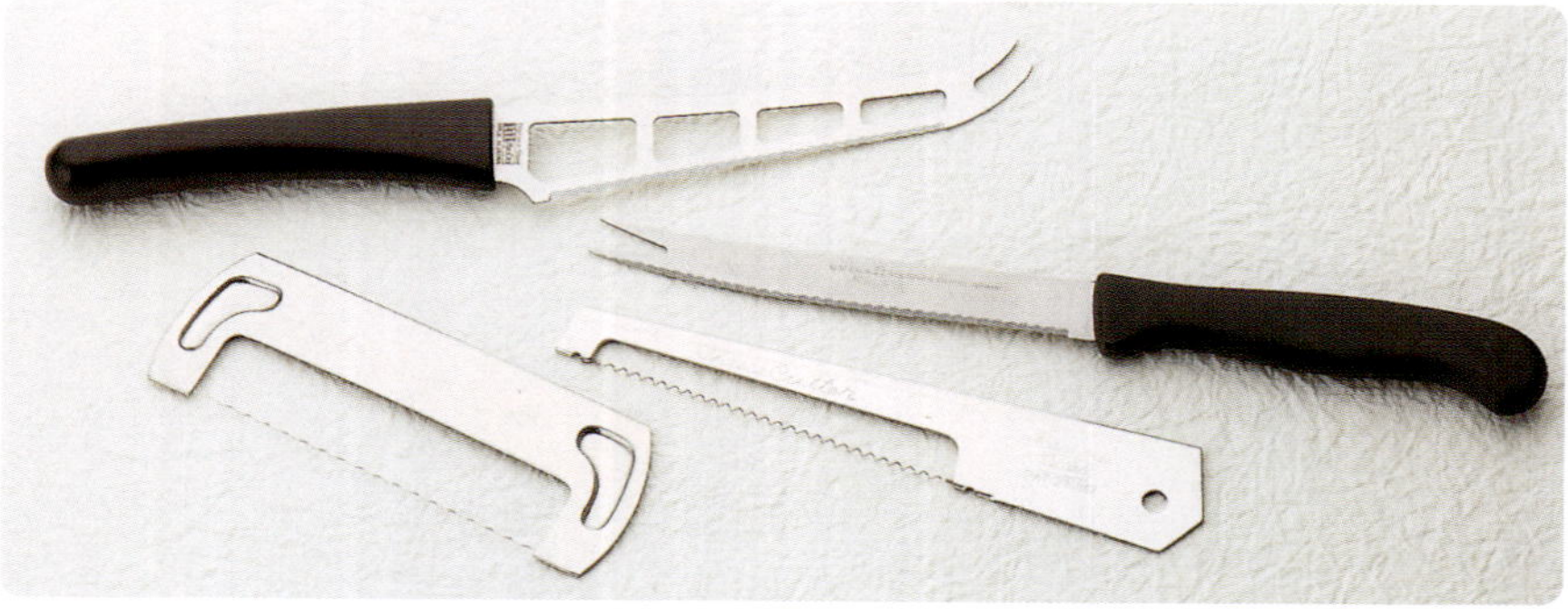

一口にチーズナイフといってもその形状はさまざま。穴があいているのはソフトチーズ用、あいていないのは硬質系チーズに向いています。上から左回りにピック付きチーズナイフ¥980／東急ハンズ渋谷店、ピアノ線チーズ切り（大）¥225（小）¥140／ニイミ洋食器店、オメガナイフS¥1000／ヴァランセ

ナイフ＆スライサー

専用のナイフなら
チーズを簡単にスライスできます。
おもてなし料理にも便利。

チーズトレーとナイフがセットになったもの。チーズをのせて食卓で切るのもおしゃれです。オランダチーズトレー¥3000／ヴァランセ

薄くスライスしたチーズはお料理のちょっとしたアクセントに。バーターカーラーなら波模様がでて素敵です。左からウエストマーク・チーズスライサー¥1750／ニイミ洋食器店、チーズスライサー¥650／東急ハンズ渋谷店、チーズスライサー¥1400／ヴァランセ、バターカーラー¥1365／ニイミ洋食器店

世界のチーズ

“フランス”

ひとつの村にひとつのチーズ。世界一のチーズ大国

チーズは、乳の種類はもとより、生産地の気候風土など自然の環境に大きく左右され、その土地ごとの特色を強く反映する産物です。

その点をふまえていうならば、フランスはまさにチーズ大国。この国に「ひとつの村にひとつのチーズ」といわれるほど多種多様なチーズがあるのも、平地、渓谷、山岳地帯と変化に富んだ地形や気候に恵まれているからといえます。

フランスのチーズ消費量は世界一で、ひとり当たり年間約24キロ。日本でも近年チーズが身近になったとはいえ、わずか1キロ台ですから、比較になりません。将来的にもこの数字に近づくとは考えにくいのですが、量的に接近できないとしても、楽しみ方に近づくことは十分可能です。

たとえばレストランで。チーズがすすめられるのはメインディッシュのあと、デザートの前ですが、チーズを注文しない日本人がとても多いのは残念なことです。

よく「フランス料理におけるチーズは日本の漬物のようなもの。どんなに満腹でも、最後に少し食べると胃が落ち着く」といわれています。なるほど、チーズにはこってりとしたイメージがありますが、実際にはほどよい酸味と、塩味があって、糠《ぬか》と同じ発酵食品であることから考えても、漬物にたとえられるのは合点がいきます。

「チーズはおいしい正餐の仕上げであるが、まずい食事の補充でもある（ジャン＝ポール・マラー）」ということばがありますが、ときには、おなかに少し余裕をもたせて、フランス人のようにワイン&チーズを楽しんでみてはいかがでしょう?

ジャン＝ポール・マラー
Jean-Paul Marat（1743～1793）
フランスの政治家・医師・物理学者

part 2
cheese dishes 28

チーズを使った料理28

フランスやイタリアなどで
食べられているチーズ料理を集めてみました。
チーズの楽しみ方がもっともっと広がります。
おすすめのワインもいくつか紹介していますが、
どれも絶対というわけではありません。
自分にぴったりの組み合わせをさがすことも
また楽しみのひとつです。

料理制作　小川寿　イタリア料理教授
友松美博　フランス料理教授
監修　辻調理師専門学校

Saumon roulé à la mousse au fromage

チーズムースのサーモンロール

クリームチーズを口当たりのよいムースに

パンにぬって食べたり、ケーキの材料に使ったりと、今やすっかりおなじみのクリームチーズ。豊潤なミルクの甘みと、ヨーグルトに近い穏やかな酸味を持つこのチーズは、サーモンとの相性が抜群です。ここではひと手間かけてムースにします。クリームチーズはそのままでも十分なめらかですが、ムースにすると口溶けがさらにやさしくなり、味わいも軽やかになります。彩りよく盛りつければ立派なフランス料理の前菜にもなり、お客様のおもてなしにもとても喜ばれます。

使用チーズ

●材料（4人分）

【チーズムース】クリームチーズ120g、生クリーム100ml、ブランデー大さじ1、レモン汁小さじ1、あさつき（小口切り）大さじ2、塩、胡椒各適量

スモークサーモン（薄切り）16枚、グリーンアスパラガス（ゆでる）、レモン、マーシュ、コンソメゼリー各適量

●作り方

①生クリームは9分立てにする。

②クリームチーズをボウルに入れ、なめらかになるまで軽く練る。①を少しずつ加えながら泡立て器で混ぜ合わせる。ブランデー、レモン汁、あさつきを加え、

塩、胡椒で味を調える。
③スモークサーモン4枚を端が少しずつ重なるようにラップの上に並べる。残りのスモークサーモンも同様にする。
④②のムースを絞り出し袋に入れ、③のスモークサーモンの上に絞り出す。ラップで包み込んで形を整え、冷蔵庫で冷やし固める。
⑤2つに切って皿に盛り、グリーンアスパラガス、レモン、マーシュ、コンソメゼリーなどを添える。

こんなワインがぴったり!

酸味のしっかりした辛口の白。プイィ・フュメ（仏ロワール）、シャブリ・プルミエ・クリュ（仏ブルゴーニュ）、リースリング（仏アルザス）など。

Cervelle de canut

セルヴェル・ド・カニュ

ハーブをたっぷり添えてさわやかに

かつて絹織物の町としても栄えたフランスの食都リヨンの名物料理です。フランス語で「カニュ（絹織物工）のセルヴェル（脳みそ＝フロマージュ・ブランを見立てた表現）」という風変わりな名前を持つこの料理、実はフロマージュ・ブランにエシャロットや香草を加えただけのものです。フロマージュ・ブランは一見ヨーグルトに似ていますが、ヨーグルトよりも酸味が穏やかで、風味が濃厚です。砂糖やジャムをかけても美味ですが、こうして香草を加え、塩、胡椒で味つけすると、朝食としても、またワインとともに楽しむ前菜としてもぴったりの一品になります。

●材料（4人分）

フロマージュ・ブラン300g、にんにく（みじん切り）大さじ1、エシャロット（みじん切り）大さじ1、エストラゴン（みじん切り）大さじ1、イタリアンパセリ（みじん切り）大さじ1、あさつき（小口切り）大さじ1、生クリーム大さじ1、レモン汁少量、塩、胡椒、エクストラヴァージン・オリーヴ油各適量

●作り方

①フロマージュ・ブランをボウルに入れ、よくかき混ぜる。

②①ににんにく、エシャロット、エストラゴン、イタリアンパセリ、あさつき、生クリームを加えて混ぜ合わせ、塩、胡椒、レモン汁で味を調える。

③器に盛り、好みでエクストラヴァージン・オリーヴ油をかける。

使用チーズ

こんなワインがぴったり！

酸味のしっかりしたものか、ミネラルの香りを感じさせる辛口の白。リースリング（仏アルザス）、ピノ・グリージョ・デッラルト・アディジェ（伊）など。

Palline di ricotta con prosciutto

リコッタのパッリーネ生ハム添え

色とりどりのビー玉に見立てて

〝パッリーネ〟はイタリア語で小さなボールのこと。ここではリコッタだけでなく、ほかの野菜や果物も丸くくり抜いてサラダ仕立てにします。見た目の愛らしさもさることながら、それぞれの素材が持つ食感の妙も楽しみのひとつです。「生ハム&メロン」の組み合わせは日本でもすっかりポピュラーになりましたが、リコッタのくせのないやさしい味もメロンの甘さとよく合います。材料の準備ができたら、いったん冷蔵庫に入れることも忘れずに。この料理の仕上げに〝冷たさ〟は欠かせません。しっかりと冷やしてからいただきましょう。

●材料（4人分）

リコッタ200g、香草（みじん切り）適量（イタリアンパセリ、シブレット、タイム、マジョラム、エストラゴン、バジリコなど）、生ハム（薄切り）4枚、メロン（赤肉種）1／2個、巨峰8個、プチトマト8個、きゅうり1本、サラダほうれん草適量、エクストラヴァージン・オリーヴ油、塩、黒胡椒各適量

●作り方

①リコッタは16等分し、香草を表面全体

使用チーズ

にまぶして丸める。

②メロンは丸くくり抜き（16個）、黒胡椒をふりかける。残った果肉はミキサーにかけ、ピューレ状にする。

③巨峰は皮をむき、プチトマトはへたを取る。きゅうりは丸くくり抜き（8個）、塩とエクストラヴァージン・オリーヴ油少量をふりかける。

④①、②、③を冷蔵庫でよく冷やす。

⑤皿にサラダほうれん草を敷き、リコッタ、メロン、巨峰、プチトマト、きゅうりを盛る。生ハムを添え、メロンのピューレをかけ、エクストラヴァージン・オリーヴ油を回しかける。

こんなワインがぴったり！

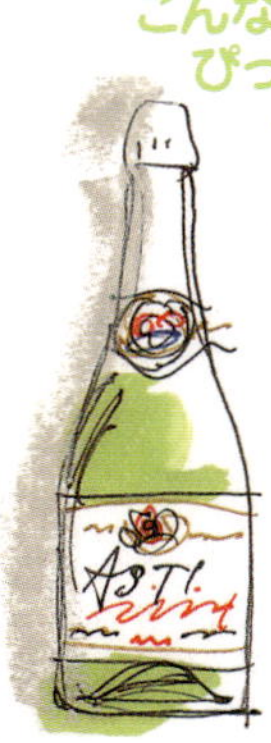

さわやかな発泡性のワイン。アスティ・スプマンテ、フランチャコルタ・スプマンテ（どちらも伊）など。

Riccio di gorgonzola con sedano

ゴルゴンゾーラのセロリ添え

ブルーチーズ&セロリの出会いの妙味を楽しむ

ゴルゴンゾーラはブルーチーズのなかでも比較的くせがなく、食べやすいといわれていますが、これに生クリームを合わせることでより一層マイルドになります。パンやクラッカーを添えるだけでもちょっとしたオードヴルになりますが、是非とも試していただきたいのがセロリとの組み合わせ。丸く盛りつけたチーズにセロリを刺して「riccio（はりねずみ）」とはイタリア人の言。本当にそう見えるかどうかは別として、パーティではこんな遊び心もまたひとつのごちそうになります。

●材料

ゴルゴンゾーラ150g、生クリーム80ml、セロリ2本、くるみ（ロースト）適量、エクストラヴァージン・オリーヴ油適量、マーシュ適量

●作り方

①ゴルゴンゾーラは室温でやわらかくし、裏ごす。固く泡立てた生クリームと混ぜ合わせ、冷蔵庫でよく冷やす。

［A］写真手前の盛りつけ

皿にマーシュを敷き、①をドーム形に形作って盛る。セロリの先の部分（葉は除く）を刺す。

［B］写真奥の盛りつけ

セロリは筋をとり、長さ2.5cm×幅1.5cmに切る。皿にマーシュを敷き、直径9cmのセルクルをおく。内側にセロリを並べ、絞り出し袋に入れた①を絞り出し、セルクルをはずす。

ABともに、仕上げにくるみを散らし、エクストラヴァージン・オリーヴ油を回しかける。

★ゴルゴンゾーラと蜂蜜を混ぜ合わせ、パンにぬるのもおすすめです。

使用チーズ

Insalata di riso

米のサラダ

さっぱりとしたサラダにチーズでアクセントを

ヨーロッパでは米は野菜の一種として
サラダに使われることもあります。
米をサラダにするときは、少し固めにゆでて
粘りを出さないようにするのがこつ。
チーズを入れると味わいにアクセントがつきます。
ここではプロヴォローネを使ってみましょう。
このチーズは、もともとは南イタリア生まれですが、
現在では主に北イタリアで作られています。
日本ではあまりなじみがありませんが、
風味はマイルドでくせがなく、糸状に割けるのが特徴です。
この料理では、ほかの材料に合わせて
小さな角切りにしたほうが
見た目も味もバランスがよくなります。

使用チーズ

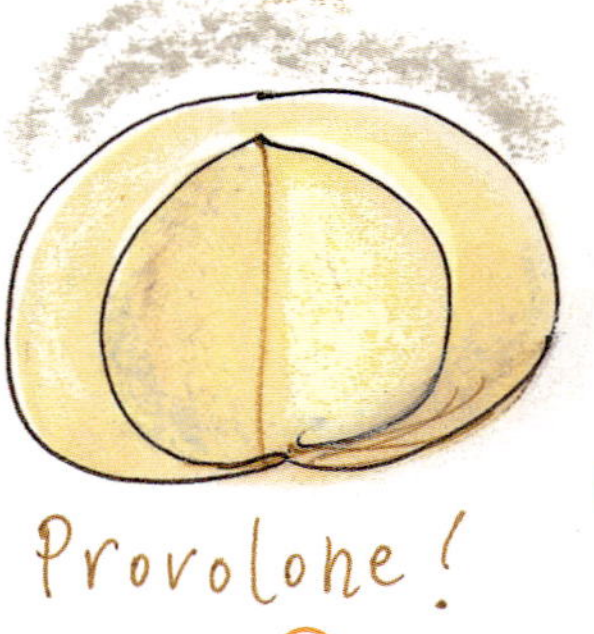

●材料（4人分）

米1カップ、プロヴォローネ50g、赤ピーマン1／4個、さやいんげん50g、ロースハム100g、ピクルス3本、黒オリーヴ5個、ケイパー大さじ1、ツナ30g、トマト、固ゆで卵、イタリアンパセリ各適量、レモン汁少量、塩、胡椒各適量

【ドレッシング】エクストラヴァージン・オリーヴ油80ml、白ワイン酢15ml、マスタード大さじ1／2、塩、胡椒各適量

●作り方

①赤ピーマンは薄皮をむき、さやいんげ

んは塩ゆでにする。

②プロヴォローネ、赤ピーマン、さやいんげん、ロースハム、ピクルス、黒オリーヴはそれぞれ7～8㎜角に切る。ケイパーは軽く水気を絞る。ツナは油をきってほぐす。

③鍋にたっぷりの湯を沸かし、米をゆでる（約13分）。少し固めにゆで上げ、水でさっと洗ってぬめりをとり、水気をしっかりきる。

④ドレッシングの材料を全て混ぜ合わせる。

⑤②と③を④のドレッシングで和え、塩、胡椒、レモン汁で味を調える。器に盛り、トマト、固ゆで卵、イタリアンパセリを添える。

こんなワインがぴったり！

軽いさっぱりとした辛口の白。ガーヴィ・ディ・ガーヴィ、オルヴィエート［辛口］（どちらも伊）など。

Hors-d'œuvre au roquefort

ロックフォールのオードヴル

ロックフォールには甘酸っぱいりんごを添えて

ロックフォールは、熟成が進むにつれて水分が抜け、青かび特有の香りや塩気、ピリッとした刺激が強くなりますが、そのシャープな味わいを好む人も多いようです。ここでは、ブルーチーズと相性のよいりんごを組み合わせます。ほかにもアンディーヴとくるみを添えたものなど、3種類を紹介します。アンディーヴのほろ苦さ、くるみの香ばしさもまたロックフォールを魅力的に引き立てます。

●材料（4人分）

ロックフォール200g、バター適量、りんご（薄切り）適量、アンディーヴ8枚、くるみ（ロースト）適量、グリーンアスパラガス（ゆでる）適量、セルフィーユ適量

【ソース】りんご（角切り）1／2個、バター20g、グラニュー糖少量

【ドレッシング】エクストラヴァージン・オリーヴ油45ml、白ワイン酢15ml、粒マスタード大さじ1、塩、胡椒各適量

●作り方

①ソースを作る。鍋にバターを溶かし、りんご（角切り）を炒める。グラニュー糖を加え、やわらかくなるまで火を通す。少量の水とともにミキサーにかけ、ピューレ状にする。

②ドレッシングの材料をすべて混ぜ合わせる。

[A] 薄切りにしたロックフォールとバター、りんご（薄切り）を層にして重ね、皿に盛る。

[B] アンディーヴにロックフォールとくるみをのせ、皿に盛る。①のソースを流し、セルフィーユを飾る。

[C] 軽くつぶしたロックフォールをスプーンで形作り、皿に盛る。グリーンアスパラガスを添え、②のドレッシングを流す。

こんなワインがぴったり!

甘口の白。ソーテルヌ（仏ボルドー）、リースリング・セレクシオン・デ・グラン・ノーブル（仏アルザス）。

使用チーズ

Aligot

アリゴ

フランスの美しい山岳地帯に伝わる郷土料理

アリゴはフランス中央部・オーヴェルニュ地方、ルエルグ地方の郷土料理です。裏ごししたじゃがいもにチーズ、生クリームを混ぜ合わせ、にんにくと塩、胡椒で調味しただけのシンプルな料理ですが、素朴でやさしい味わいが大人にも子どもにも人気があります。作りたては、木べらですくうと糸を引くように長く伸び、レストランではお客様のテーブル脇でパフォーマンスを披露してくれることもあります。地元では、発酵させていないカンタルやトム・フレッシュ（※1）と呼ばれるチーズが使われますが、ライヨール、トム・ド・サヴォワ、ラクレットでも十分本場の味に近づけます。

●材料

じゃがいも（メイクイーン）500g、ライヨール（またはトム・ド・サヴォワ、ラクレットなど）400g、にんにく（みじん切り）1/2片、バター30g、生クリーム適量、塩、胡椒各適量

●作り方

①ライヨールはすりおろす。

②じゃがいもは皮をむいて適当な大きさに切り、水からゆでる。ゆで上がったら水気をきり、鍋に戻して粉ふきにし、熱いうちに裏ごしする。

③鍋にバターを熱し、にんにくを炒める。香りが出てきたら②のじゃがいもを入れ、生クリームを加

使用チーズ

こんなワインがぴったり!

穏やかで軽いタイプの辛口の白。コート・ド・プロヴァンス（仏）、フラスカーティ（伊）など。

えて少し溶きのばす。
④①のライヨールを少しずつ加えながら、糸を引くようになるまで木べラでしっかりと練るように混ぜ込む（焦げやすいので、ときどき火からおろすとよい）。塩、胡椒で味を調える。

（※1）トム・フレッシュ
ライヨールやカンタルを製造する過程でできるチーズ。凝乳（＝カード）を小さく切り、布に包んでプレスしたもの。やわらかく、色は純白。

Quiche lorraine

キッシュ・ロレーヌ

パイ生地とチーズの焼ける香りは幸せの香り

キッシュはフランス北東部・ロレーヌ地方発祥のパイ料理。野菜や魚介が入ったものなど、バリエーションはさまざまですが、「キッシュ・ロレーヌ」といえば、ベーコンとチーズが入ったもので、それらを卵、牛乳、生クリームを合わせたアパレイユとともにパイ生地に詰め、オーヴンで焼きます。レストランでは一般に温前菜として供されますが、昼食もしくは軽めの夕食にも向きます。

●材料（直径21㎝のタルト型1個分）

【パイ生地】薄力粉150g、バター（十分に冷やし固める）75g、卵黄2個、水大さじ2（固さをみながら要調整）、塩ひとつまみ、打ち粉（強力粉）適量

【アパレイユ】卵2個、牛乳100ml、生クリーム200ml、ナツメグ、塩、胡椒各適量

グリュイエール、ベーコン各150g、

サラダ油適量

●作り方

①パイ生地を作る。ふるった薄力粉、塩、小さく切ったバターを台におき、スケッパーでバターを切るようにして手早く混ぜる。さらに両手で粉をすり合わせるようにして混ぜ、さらさらの状態にする。卵黄と水を加え、練りすぎないように注意しながら生地をひとつにまとめる。ラップで包み、冷蔵庫で1時間やすませる。

②①の生地を打ち粉をしながら3㎜厚さにのばし、タルト型に敷く。底全体にフォークで穴をあけ、クッキングシートを敷いて重しをのせる。180℃のオーヴンで10分焼き、重しをはずしてさらに10分焼く。

③グリュイエールは拍子木切りにする。

④ベーコンは短冊切りにしてサラダ油で炒め、油をきって冷ます。

⑤アパレイユを作る。卵を溶きほぐし、牛乳、生クリームを加えて混ぜ合わせる。塩、胡椒、ナツメグで味を調える。

⑥②にグリュイエールとベーコンを入れ、アパレイユを流し入れる。180℃のオーヴンで30分焼く。

使用チーズ

Salade lyonnaise

リヨン風サラダ

クロタンを軽くローストして、さらに深い味わいに

シェーヴルタイプのチーズ、クロタン・ド・シャヴィニョルを軽くローストし、サラダ仕立てにします。このチーズは山羊乳特有の香りと甘み、適度な酸味と塩気があって美味ですが、軽く火を通すとそのまま食べるのとはまた違った味わいが得られます。クロタンは、そもそもフランス・ロワール地方のチーズですが、ここではポーチドエッグ、ベーコン、鶏レバーを取り合わせ、美食の都リヨンにちなんだボリュームたっぷりのサラダにします。同じシェーヴルタイプの、サント・モールやカベクーを使ってもよいでしょう。

●材料（4人分）

クロタン・ド・シャヴィニョル2個、バゲット（薄切り）4枚、ベーコン（細切り）4枚、鶏レバー8個、卵4個、サラダ用野菜各種適量、パセリ（みじん切り）適量、塩、胡椒、オリーヴ油、赤ワイン酢、白ワイン酢各適量

【ドレッシング】エクストラヴァージン・オリーヴ油80ml、赤ワイン酢20ml、マスタード大さじ1、塩、胡椒各適量

●作り方

①フライパンにオリーヴ油を熱し、ベーコンを炒めて取り出す。オリーヴ油を足して塩、胡椒した鶏レバーを炒め、赤ワイン酢をふりかけて取り出す。

②ポーチドエッグを作る。卵はそれぞれ別の容器に割り入れる。沸騰直前の湯に少

使用チーズ

量の白ワイン酢を入れ、卵を1個ずつ静かに入れる。卵黄を包み込むようにフォークでまとめながら、沸騰直前の状態を保って約5分ゆでる。卵黄が半熟くらいになったら、穴じゃくしですくって冷水に落とし、完全に冷ます。布巾にのせて水気をきる。

③軽くトーストしたバゲットに、クロタンを横半分に切ってのせ、オーヴントースターに入れて表面に薄く焼き色をつける。

④ドレッシングの材料を全て混ぜる。

⑤サラダ用野菜は適当な大きさにちぎり、④のドレッシングで和えて皿に盛る。③のクロタン、①のベーコンと鶏レバー、ドレッシングを添えたポーチドエッグを盛り、パセリを散らす。

こんなワインがぴったり!

酸味のある辛口の白。サンセール、プイィ・フュメ（どちらも仏ロワール）、マコン（仏ブルゴーニュ）。

Mozzarella in carrozza

モッツァレッラのホットサンド

日曜日のブランチにワインとともに

イタリア語で「馬車に乗ったモッツァレッラ」という何ともユニークな名前を持つこの料理は、モッツァレッラの故郷でもあるイタリア南部・カンパーニャ地方生まれ。今ではイタリアのどこの街でも見かけることができます。油で揚げることが多いのですが、フライパンで焼くと形が崩れにくく、手軽に作れます。モッツァレッラにアンチョヴィの適度な塩気が加わることで、味が全体的に引き締まります。

●材料

食パン（12枚切り）4枚、モッツァレッラ1個、アンチョヴィ1枚、卵2個、牛乳100ml、オリーヴ油適量、バター適量、塩、胡椒各適量

●作り方

①モッツァレッラは薄切りにする。
②アンチョヴィは細切りにする。
③卵は溶きほぐして牛乳とよく混ぜ合わせ、こし器でこす。
④食パン2枚にモッツァレッラとアンチョヴィをのせ、塩、胡椒をする。残りの食パン2枚をのせてはさみ、耳を切り落とす。
⑤④を全体にまんべんなく③に浸す。
⑥フライパンにオリーヴ油とバターを入れて熱し、⑤を焼く。両面にきれいな焼き色がつき、中のモッツァレッラが溶けるまでじっくり焼く。

使用チーズ

こんなワインがぴったり!

コクがあり、酸味の穏やかな辛口の白。シャルドネ（カリフォルニア）、プイィ・フュイッセやマコン（どちらも仏ブルゴーニュ）など。

Soupe a l'oignon gratinee

オニオングラタンスープ

じっくり炒めて引き出した玉ねぎの甘みと旨みを味わう

フランスではオペラが終わるとすでに深夜。ちょっとおなかのすく時間です。こんなとき、夜食として喜ばれるのがオニオングラタンスープ。フランス料理にはとかく気取ったイメージがありますが、このスープは高級レストランではなく、気取らないビストロでいただく飾り気のない素朴な料理です。器はたっぷり大きめのもの。オーヴンから出したばかりの熱々が醍醐味ですから、スープのはねたあとやチーズの焦げたあとが器についていても、そのままそのまま。玉ねぎは焦がさないようにじっくり炒めて、甘みを十分に引き出します。

●材料（4人分）

玉ねぎ（大）4個、にんにく（みじん切り）1片、ブイヨン1ℓ、グリュイエール（すりおろす）40g、バゲット（薄切り）4枚、バター30g、サラダ油、塩、胡椒各適量

こんなワインがぴったり！

さわやかで軽いタイプの辛口の白。ボージョレ（仏ブルゴーニュ）、カシ（仏プロヴァンス）など。

使用チーズ

●作り方

①玉ねぎは縦半分に切り、なるべく厚さを揃えて薄切りにする。

②鍋にバターとサラダ油を熱し、にんにくと玉ねぎをあめ色になるまで中火でじっくり炒める。

③②にブイヨンを加え、弱火で20～25分煮込み、塩、胡椒で味を調える。

④耐熱性の器に③を入れ、軽くトーストしたバゲットを浮かべ、グリュイエールを全体に散らす。

⑤180℃のオーヴンに入れ、表面にきれいな焼き色がつくまで焼く。

★玉ねぎは、むらなく炒めるために、厚さを揃えて切ります。スープに十分コクを出したい場合は玉ねぎをあめ色になるまでじっくり炒め、上品な軽い仕上げにしたい場合は炒め加減を弱めます。

Camembert au cidre

カマンベールのフォンデュ シードル風味

シードルの風味を加えてノルマンディ風に楽しむ

カマンベールを丸ごと溶かして作るチーズフォンデュ。これならフォンデュ鍋がなくても手軽にできます。カマンベールは現在世界各地で作られていますが、発祥地はフランス・ノルマンディ地方。ここはりんごの産地でもあり、りんごのお酒でも名高いところです。今回はシードル(りんごのワイン)を使いましたが、カルヴァドス(りんごのブランデー)を使うと風味はさらに増します。どちらもなければブランデーで代用してもよいでしょう。

●材料

カマンベール1個、シードル適量、バゲット（薄切り）適量

●作り方

①カマンベールの上面に十字の切り込みを入れ、グラタン皿にのせて200℃のオーヴンに入れる。

②カマンベールが溶けてきたら、いったん取り出してシードルをふりかける。カマンベールが完全に溶けるまでもう一度オーヴンに入れる。

③バゲットは、カマンベールのでき上がりに合わせて軽くトーストする。

④②のカマンベールを皿に盛り、切り込みをめくって、バゲットを添えて供する。

使用チーズ

こんなワインがぴったり!

コクがあり、口当たりのやわらかい白もしくは赤。白ならコルトン・シャルルマーニュ（仏ブルゴーニュ）、赤ならマルゴーやポイヤック（どちらも仏ボルドー）など。

Gratin de pommes de terre

じゃがいものグラタン

手間をかけずに、ひと味違う美味しさ

じゃがいもを牛乳と生クリームで煮て、チーズをのせてグラタンにします。煮汁ごとグラタンにするので、手間がかからないうえ、じゃがいもの美味しさも失われません。さらにチーズのコクと香ばしさが加わっていうことなし。レストランでは付け合わせとして肉料理などに添えられますが、フランスやスイスの山間に暮らす人々にとっては定番の家庭料理といえます。チーズは、ここではトム・ド・サヴォワを使います。これはフランス南東部・サヴォワ地方の酪農家たちが雪深い季節に個々の家で作るチーズの総称。弾力があり、ミルクの甘みと香りに富み、じゃがいもとの相性も抜群です。

使用チーズ

こんなワインがぴったり!

果実味のあるさわやかなタイプ、もしくは、やや肉厚な辛口の白。ボージョレ（仏ブルゴーニュ）、エルミタージュ（仏コート・デュ・ローヌ）など。

●材料（4人分）
じゃがいも400g、トム・ド・サヴォワ50g、牛乳300ml、生クリーム100ml、にんにく適量、バター10g、塩、胡椒、ナツメグ各適量

●作り方

①じゃがいもは皮をむいて1㎝厚さに切る。トム・ド・サヴォワはすりおろす。

②鍋にじゃがいも、牛乳、生クリームを入れて火にかける。沸騰したら弱火にして、じゃがいもがやわらかくなるまで煮る。塩、胡椒、ナツメグで味を調える。

③グラタン皿ににんにくの切り口をこすりつけ、香りを移す。

④③のグラタン皿に②を入れ、トム・ド・サヴォワ、バターをのせる。180℃のオーヴンで焼き色がつくまで焼く。

Fonduta

フォンドゥータ

チーズ好きを魅了する濃厚な味わい

フォンドゥータはイタリア風チーズフォンデュのことで、フランスやスイスと国境を接するイタリア北西部の郷土料理です。フォンティーナという地元のチーズを使い、牛乳と卵黄を加えた濃厚な味わいが特徴。日本で一般に知られているスイス風のフォンデュと違い、ワインやキルシュ（さくらんぼ酒）などを入れないので、お酒に弱い人や子どもにも喜ばれます。フォンドゥータの故郷では、地元特産の白トリュフのスライスをたっぷり入れて食べることもあります。

●材料（4人分）

フォンティーナ300g、牛乳150ml、バター30g、卵黄3個、塩適量、パン・ド・カンパーニュ（またはバゲット）適量

●作り方

①パンは2cm角程度の大きさに切る。

②フォンティーナは小さな角切りにし、分量の牛乳に2～3時間浸しておく。

③②を弱火にかけ、混ぜながらチーズを溶かす。バターを加え、塩で味を調える。

④卵黄を加え、糸を引くようになるまで混ぜながら火を通す。火からおろし、パンを添えて供する。

使用チーズ

こんなワインがぴったり！

バランスのよい、コクのある辛口の白。アルバーナ・ディ・ロマーニャ［辛口］（伊）など。

★チーズをあらかじめ牛乳に浸しておくと調理するときに溶けやすくなります。鍋はほうろうや陶製のものが適当です。卵黄が入っているのであまり火にかけ過ぎると、卵黄が固まってもろもろになってしまうことがあるので注意してください。

Trofie al pesto

トロフィエのペスト和え

フレッシュなバジリコの芳香を堪能する

トロフィエとはイタリア北西部・リグーリア地方伝統の手打ちパスタの一種です。生地がやわらかいので、その独特の形にするには、簡単なようでいて少し慣れが必要かもしれません。

このトロフィエを、同地方にこれも古くから伝わるペストで和えます。

フレッシュのバジリコを使って手作りしたペストの美味しさは、市販品の及ぶところではありません。また簡単に作れるのもペストの魅力のひとつ。野菜スープの仕上げに加えたりと、いろいろな料理に使えます。

スパゲッティなど、トロフィエ以外のパスタと和えてもよいでしょう。

●材料（4人分）

【トロフィエの生地】薄力粉300g、オリーヴ油20ml、ぬるま湯約180ml、打ち粉（強力粉）適量

じゃがいも400g、さやいんげん100g、ペスト100ml、バター10g、ペコリーノ、パルミジャーノ・レッジャーノ（すりおろす）各15g、塩適量

●作り方

①トロフィエを作る。ボウルに薄力粉を入れて中央をくぼませ、オリーヴ油を入れる。ぬるま湯を少しずつ加えながら指先で混ぜ合わせる。生地がほぼ混ざったら、打ち粉をした台の上に取り出して軽く練り、ひとつにまとめる。小さじ1杯程度の分量の生地を手のひらに取り、細長く伸ばして2～3回ねじる。木の板の上に並べ、そのまましばらく乾燥させる。

②じゃがいもは皮をむき、1cm角に切る。

③さやいんげんは3cm長さに斜めに切る。

④鍋にたっぷりの湯を沸かす。湯の量の約1%の塩を加え、じゃがいもをゆでる。半ば火が通ったところで、さやいんげん、①のトロフィエを加え、ゆでる。

⑤ボウルにペスト、水気をきった④のトロフィエ、じゃがいも、さやいんげん、

使用チーズ

バターを入れて和える。
⑥器に盛り、ペコリーノ、パルミジャーノをふりかける。

【ペスト】材料と作り方（できあがり200ml）
バジリコ50g、にんにく1／2片、松の実10g、エクストラヴァージン・オリーヴ油150ml、ペコリーノ15g、パルミジャーノ・レッジャーノ20g、塩、胡椒各適量
①ペコリーノとパルミジャーノはそれぞれすりおろす。
②粗く切ったバジリコ、にんにく、松の実、エクストラヴァージン・オリーヴ油をミキサーにかける。
③器に移し、①のチーズを加えて混ぜ合わせる。塩、胡椒で味を調える。

こんなワインがぴったり！

さわやかで、ミネラルを感じる辛口の白。ピノ・グリージョ・デッラルト・アディジェ、ガーヴィ・ディ・ガーヴィ（どちらも伊）など。

※ペコリーノにはペコリーノ・ロマーノ、ペコリーノ・トスカーノなどがありますが、産地は問いません。

Pizza Margherita

ピッツァ・マルゲリータ

本格的なピッツァ作りに挑戦

トマトの赤&モッツァレッラの白&バジリコの緑がイタリア国旗を思わせるピッツァ・マルゲリータ。このピッツァの誕生は1889年、時のイタリア国王ウンベルト1世の妃、マルゲリータのために作られたのが始まりです。シンプルなピッツァだけにチーズの味がそのまま生きています。

●材料（1枚分）

ピッツァ生地200g、トマト（缶詰）50g、モッツァレッラ（角切り）80g、バジリコ適量、エクストラヴァージン・オリーヴ油適量、打ち粉（強力粉）、塩、胡椒各適量

●作り方

①トマトは裏ごしてピューレ状にし、塩、胡椒、エクストラヴァージン・オリーヴ油を加えて混ぜ合わせる。

②打ち粉をした台にピッツァ生地をおき、打ち粉をしながら2㎜厚さにのばす。

③②に①をぬり、バジリコ、モッツァレッラを散らす。250〜300℃のオーヴンで生地の底面が色づき、チーズが溶けるまで3〜4分焼く。

【ピッツァ生地】材料と作り方（4枚分）

強力粉250g、薄力粉250g、ドライイースト1.5g、塩5g、砂糖少量、ぬるま湯300㎖、オリーヴ油適量

①強力粉と薄力粉は合わせてボウルにふるい入れる。

②ぬるま湯にドライイースト、塩、砂糖を加えて溶かす。①に加え、表面がなめらかになるまでこねる。

③生地を丸くまとめ、オリーヴ油を薄く塗ったボウルに入れる。固く絞ったぬれ布巾をかけ、ビニール袋をかぶせて30〜35℃の温かい場所で約1時間発酵させる。

④生地が約2倍に膨らんだら、上からたたいてガスを抜く。4等分（約200g）にして丸くまとめ、オリーヴ油を薄くぬったバットに並べる。固く絞ったぬれ布巾をかけ、ビニール袋をかぶせ、30〜35℃の場所で約20分二次発酵させる。

使用チーズ

PIZ

Frittata

フリッタータ

ボリュームたっぷりのイタリア風オムレツ

フリッタータはイタリア語で平らな円形に焼き上げたオムレツのこと。ここでは、パルミジャーノと3種類の野菜を混ぜ込んで作ります。ひと手間かかりますが、野菜はあらかじめ火を通し、旨みや甘みを十分に引き出しておくことが美味しいフリッタータへの第一歩です。卵と混ぜ合わせて熱々のフライパンに流し入れたら、後は中まで火を通し、焼き色をつけて香ばしく仕上げましょう。でも、パサパサになるほど焼いてしまってはせっかくのフリッタータも台無しです。火の通し加減には細心の注意をはらってください。野菜はきのこやズッキーニなどお好みで。

使用チーズ

こんなワインがぴったり！

さわやかな辛口の白、または弱発泡性の赤。白ならエスト！エスト!!エスト!!!ディ・モンテフィアスコーネ、赤ならランブルスコ［辛口］など（どちらも伊）。

●材料（直径約20㎝のもの1枚分）卵5個、玉ねぎ（薄切り）100g、じゃがいも100g、グリンピース30g、パルミジャーノ・レッジャーノ（すりおろす）40g、オリーヴ油、バター、エクストラヴァージン・オリーヴ

油、塩、胡椒各適量

●作り方

①フライパンにオリーヴ油を熱し、玉ねぎをしんなりするまで炒め、冷ます。

②じゃがいもは7〜8㎜角に切り、水から塩ゆでにし、冷ます。グリンピースもさっと塩ゆでにし、冷ます。

③卵を5個すべて溶きほぐし、①と②の野菜、パルミジャーノ・レッジャーノを加え、塩、胡椒をする。

④フライパン（直径約20㎝）にオリーヴ油とバターを熱し、③を流し入れる。全体が半熟の状態になるまで木杓子で混ぜながら焼く。

⑤焼き色がついたら裏返し、バター少量を足して焼き上げる。

⑥切り分けて器に盛り、エクストラヴァージン・オリーヴ油をふりかける。

Risotto alla parmigiana

パルメザンのリゾット

大好きなパルミジャーノをたっぷり堪能

パルメザンの名でも知られるパルミジャーノ・レッジャーノは、イタリアが世界に誇るチーズです。パスタにふりかけるだけではもの足りないという熱烈な愛好家におすすめなのが、その美味しさをストレートに味わえるこのリゾット。日本でも手軽に手に入るようになった今、よりよい風味を楽しむためにも、固まりの状態で買ってきて家ですりおろして使いたいものです。すりおろすのもできるだけ使う直前に。

●材料（4人分）

米250g、玉ねぎ（みじん切り）1／4個、オリーヴ油20ml、バター40g、白ワイン50ml、鶏のだし汁約1ℓ、パルミジャーノ・レッジャーノ（すりおろす）30g、塩、胡椒各適量

●作り方

①鍋にオリーヴ油と半量のバターを熱し、玉ねぎを炒める。

②玉ねぎがしんなりしてきたら、米を洗わずに加えて炒める。

③米が透き通って十分に熱くなったら、白ワインを加えて煮詰める。

④鶏のだし汁を米が浸る程度に注ぎ、塩ひとつまみを加え、ときどきかき混ぜながら、弱火で煮る。煮汁が煮詰まってきたら、そのつど鶏のだし汁を少しずつ足し、約16～17分かけてアル・デンテ（米の中心に少し芯が残る程度）に煮上げる。

⑤塩、胡椒で味を調え、残りのバターを混ぜ込む。

⑥パルミジャーノ・レッジャーノを加え、混ぜ合わせる。

★器に盛ってから、好みでさらにパルミジャーノをかけてもよいでしょう。

使用チーズ

こんなワインがぴったり！

口当たりが穏やかな辛口の白。エスト！エスト!!エスト!!!ディ・モンテフィアスコーネや、フラスカーティ（どちらも伊）など。

Bucatini all'amatriciana

ブカティーニのアマトリーチェ風

味の決め手は塩漬け豚肉＆ペコリーノ

中心に穴のあいた太めのロングパスタ、ブカティーニを使います。料理名はローマと同じラツィオ州の町、アマトリーチェに由来します。本来は〝グアンチャーレ〟という豚頬《ほお》肉の塩漬けを使いますが、最近では〝パンチェッタ〟という豚ばら肉の塩漬けで作ることもよくあります。手に入らなければベーコンで代用してもかまいません。チーズはぜひペコリーノを使ってみてください。これはイタリアを代表する羊乳製チーズで、塩気と羊乳特有の風味が特徴です。日本ではなじみの薄いチーズですが、イタリアでは、パルミジャーノ同様、すりおろしたペコリーノをパスタにふりかけて食べることもよくあります。

使用チーズ

こんなワインがぴったり！

軽い口当たりの赤。ヴァルポリチェッラ（伊）、ボージョレ（仏）など。

●材料（4人分）

ブカティーニ320g、にんにく1/2片、たかの爪小1本、玉ねぎ（薄切り）100g、パンチェッタ（またはベーコン）100g、白ワイン80ml、トマト（缶詰）500g、オリーヴ油50ml、ペコリーノ

（すりおろす）40g、エクストラヴァージン・オリーヴ油、塩各適量

●作り方

①にんにくは芽を除き、たたきつぶす。たかの爪はへたと種を取り除く。

②パンチェッタは拍子木切りにする。

③フライパンにオリーヴ油、にんにく、たかの爪を入れ、火にかける。にんにくの香りが出てきたらパンチェッタを加えてじっくりと炒め、さらに玉ねぎを加えてしんなりするまで炒める。

④白ワインを加えて煮詰め、裏ごししたトマトを加えて軽く煮込み、塩で味を調える。

⑤鍋にたっぷりの湯を沸かし、湯の量の1%の塩を加えて溶かす。ブカティーニを入れ、アル・デンテ（歯ごたえのある状態）にゆでる。

⑥ゆで上がったブカティーニの水気をきって、④のソースに加えて和える。火からおろし、ペコリーノを混ぜ合わせ、エクストラヴァージン・オリーヴ油を回しかける。

※ペコリーノにはペコリーノ・ロマーノ、ペコリーノ・トスカーノなどがありますが、産地は問いません。

Penne ai quattro formaggi

ペンネの4種チーズソース

4種のチーズを組み合わせれば美味しさは4倍以上に

4種のチーズがそれぞれの個性を主張しながらも協調し、深い味わいを生み出します。取り合わせに決まりはありませんが、青かびタイプのゴルゴンゾーラは味の決め手に欠かせません。これに今回はフォンティーナ、タレッジョ、パルミジャーノを合わせました。ほかにベル・パエーゼ、マスカルポーネ、スカモルツァ、プロヴォローネなどもよいでしょう。
また、チーズが4種類なくても大丈夫。まずは2種類でも3種類でも、揃ったものを使って作ってみましょう。

●材料（4人分）

ペンネ320g、ゴルゴンゾーラ80g、フォンティーナ80g、タレッジョ80g、パルミジャーノ・レッジャーノ40g、生クリーム400ml、イタリアンパセリ（みじん切り）大さじ1、レモン汁少量、塩、胡椒各適量

●作り方

①ゴルゴンゾーラ、フォンティーナ、タレッジョは小さな角切りにする。

②パルミジャーノ・レッジャーノはすりおろす。

③鍋にたっぷりの湯を沸かし、湯の量の1％の塩を加える。ペンネを入れてアル・デンテ（歯ごたえのある状態）にゆでる。

④フライパンに生クリームを入れて弱火にかけ、①のチーズを加え、混ぜながら溶かす（生クリームが分離することがあるので沸騰させないこと）。

⑤ゆで上がったペンネの水気をきり、④のソースに加えて和える。②のパルミジャーノ、イタリアンパセリを加え、レモン汁、塩、胡椒で味を調える。

使用チーズ

Filet de porc cordon-bleu

豚肉のコルドン・ブルー風

揚げたての溶けたチーズが魅力的

コルドン・ブルーとは、料理上手な女性を表すほめ言葉。料理名にこの名が付くときは一般にフランスのお母さんの味、家庭料理を意味します。ここでは豚肉にハムとグリュイエールをはさみ、衣をつけて揚げます。チーズはモッツァレッラやカマンベール、あるいはエメンタールやゴーダなど、好みのもの、あり合わせのものでもかまいませんが、豚肉の風味がチーズに負けてしまわないように、くせの少ないタイプを選びます。揚げたてにレモン汁をかけても美味ですが、トマトソースを添えると彩りがよく、ほどよい酸味で料理が一層引き立ちます。

●材料（4人分）

豚ロース肉（5㎜の厚さを60g）8枚、グリュイエール（薄切り）4枚、ロースハム（薄切り）4枚、ピクルス（薄切り）適量、小麦粉適量、卵2個、サラダ油小さじ1、水大さじ1、パン粉適量、トマトソース適量、塩、胡椒各適量

こんなワインがぴったり！

軽いタイプ、もしくは適度なコクを持った赤。ボージョレ、ボージョレ・ヴィラージュ、ブルゴーニュ（いずれも仏）など。

使用チーズ

●作り方

①ロースハムは半分に切る。

②豚ロース肉4枚に塩、胡椒をし、ロースハム、グリュイエール、ピクルス、ロースハムの順にのせる。

③残りの豚ロース肉に塩、胡椒をし、②の上に重ねてはさむ。

④卵を溶きほぐし、サラダ油、水を加えてよく混ぜ合わせ、塩、胡椒をする。

⑤③に小麦粉、④、パン粉の順に衣をつけ、160℃の油で揚げる。

⑥皿に盛り、トマトソースを添える。

★つけ合わせに、温野菜や炒めたきのこ類を添えてもよいでしょう。

Spätzle au fromage blanc

シュペッツレのフロマージュ・ブラン風味

簡単手打ちパスタでドイツの素朴な家庭の味を楽しむ

シュペッツレはフランスのアルザス地方やドイツで作られる手打ちパスタです。1本1本の形がいびつなのも手作りならでは。その見かけともちもちした食感は、まさに素朴な家庭の味。バターで炒めて煮込み料理につけ合わせ、コクのある煮汁を吸わせて食べることが多いのですが、ここではフロマージュ・ブランを混ぜ込んだシュペッツレを、ハムやマッシュルームと一緒に炒めて一皿の料理として楽しめるものを紹介します。

使用チーズ

●材料（4人分）

【シュペッツレの生地】フロマージュ・ブラン200g、薄力粉200g、卵2〜3個、あさつき（小口切り）大さじ1、パセリ（みじん切り）大さじ1

ロースハム（細切り）50g、マッシュルーム（細切り）8個、玉ねぎ（薄切り）1／2個、バター40g、生クリーム大さじ2、イタリアンパセリ（みじん切り）大さじ1、パルミジャーノ・レッジャーノ、塩、胡椒各適量

●作り方

①生地を作る。フロマージュ・ブランをボウルに入れてよくかき混ぜ、ふるった薄力粉を加え混ぜ合わせる。よく溶いた卵を加え、混ぜ合わせる（卵の量は生地の固さをみて加減）。あさつき、パセリを加え、塩、胡椒をして混ぜ合わせる。

②①を木杓子の上に薄く広げ、テーブルナイフの背を使い3㎜幅ずつにこそげ取りながら、鍋に沸いた湯に落としていく（テーブルナイフごと湯に浸けるとよい）。（※1）

③生地が浮き上がってから約3分ゆで、冷水に落とし、水気をきる。

④フライパンにバター（30g）を熱し、玉ねぎ、ロースハム、マッシュルームを炒める。全体がしんなりしたら取り出す。

⑤フライパンにバター（10g）を熱し、③を焼き色がついて膨らんでくるまで炒める。

⑥⑤に④、生クリーム、イタリアンパセリを加えて混ぜ合わせ、塩、胡椒で味を調える。仕上げにパルミジャーノ・レッジャーノをふりかける。

（※1）細めの口金をつけた絞り出し袋に生地を入れて湯の中に絞り出してもよい。

Involtini di vitello alla boscaiola

仔牛の詰め物きのこソース

イタリアが誇る名産品の数々で、味の競演

ロール状に巻いて仕上げる料理はイタリア各地に見られ、使う素材も肉あり魚あり、詰めるものもいろいろです。ここでは、マスカルポーネとモッツァレッラの2種類のチーズに、ポルチーニ茸などのきのこを混ぜ合わせた詰め物を、仔牛肉と生ハムで巻いてロール状にして焼き、きのこがたっぷり入ったソースで仕上げます。これらの素材はいずれもイタリアの誇る名産品ばかりです。仔牛肉は成牛に比べて肉質がやわらかで、脂肪も少なく淡泊でくせがないのが特徴。仔牛肉が手に入らなければ豚のロース肉やもも肉を使っても美味しくできます。

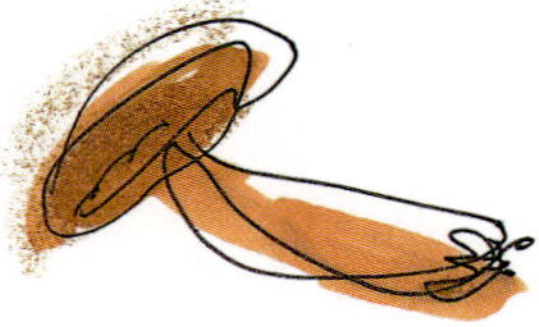

●材料（4人分）

仔牛もも肉（40gの薄切り）8枚、生ハム（薄切り）8枚、マスカルポーネ70g、モッツァレッラ30g、きのこ（マッシュルーム、しめじ、ポルチーニ茸など）300g、にんにく（みじん切り）1／2片、玉ねぎ（みじん切り）30g、白ワイン50ml、フォン・ド・ヴォ200ml、トマトソース50ml、イタリアンパセリ（みじん切り）適量、オレガノ（乾燥）適量、小麦粉、オリーヴ油、バター、塩、胡椒各適量

●作り方

①モッツァレッラときのこは5mm角に切る。

②フライパンにオリーヴ油とにんにくの半量を入れて火にかけ、香りが出てきたら①のきのこの半量を加えて炒める。イ

こんなワインがぴったり！

軽めの赤、もしくは華やかな香りの白。赤ならバルベーラやバルドリーノ。白ならアルバーナ・ディ・ロマーニャやフラスカーティ（いずれも伊）など。

使用チーズ

タリアンパセリを加え、塩、胡椒で味を調え、器に取り出して冷ます。

③②、マスカルポーネ、モッツァレッラを混ぜ合わせる。

④仔牛もも肉を肉たたきでたたいて薄くのばす。片面に塩、胡椒をし、生ハムをのせる。さらに③を8等分にしてのせ、はみ出ないように包み込み、楊枝でとめる。表面全体に塩、胡椒をし、小麦粉をまぶす。

⑤フライパンにオリーヴ油とバターを熱し、④を入れて表面全体に焼き色をつけ、いったん取り出す。

⑥同じフライパンにオリーヴ油を足し、残りのにんにく、玉ねぎをしんなりするまで炒める。残りのきのこを加えて炒め合わせる。

⑦白ワインを加えて煮詰め、トマトソース、フォン・ド・ヴォ、イタリアンパセリ、オレガノを加える。⑤の仔牛肉を戻し、5~10分煮て火を通す。

⑧仔牛肉を皿に盛る。ソースは塩、胡椒で味を調え、仔牛肉にかける。

Diablotins à la normande

ディヤブロタンのノルマンディ風

外はカリカリ、中身はトロトロのリッチなコロッケ

ディヤブロタンとは小悪魔のこと。フランス料理では、チーズを使った温かいおつまみなどに、この名がついたものがあります。ここではノルマンディ風のディヤブロタンを紹介します。これは、いうなればカマンベール入りのクリームコロッケ。カマンベールに衣をつけて揚げただけのものに比べると少々手間はかかりますが、それだけにクリーミーでリッチな味わいになり、おもてなしにも喜ばれます。

●材料（20個分）

カマンベール1個、米（炊いたもの）50g、バター50g、小麦粉50g、牛乳400ml、小麦粉、溶き卵、パン粉、塩、胡椒各適量

●作り方

①カマンベールは白かびのついている外側の部分を切り取り、2cm角に切る。

②ベシャメルソースを作る。鍋にバターを溶かし、小麦粉を焦がさないように弱火で炒める。泡立て器で混ぜながら、温めた牛乳を少しずつ加える。塩、胡椒をして弱火で約10分煮る。

③②に炊いた米を加えて軽く煮る。火からおろして、バットに移して冷ます。

④③を20等分にして、①のカマンベール適量を包んで形作る。

⑤小麦粉、溶き卵、パン粉の順に衣をつけ、200℃の油で揚げる。

こんなワインがぴったり！

料理にも使ったフランス・ノルマンディ産のシードルや、南仏プロヴァンス産の酸味の穏やかな辛口の白。コート・ド・プロヴァンス、カシなど。

使用チーズ

Filetto di bue al gorgonzola

牛ステーキのゴルゴンゾーラソース

ブルーチーズ特有の風味で極上のソースを

ブルーチーズ好きなら、
この料理名を聞いただけでもその美味しさを
想像していただけるはず。
ステーキにソースを添えるとなると、
本格的なぶんだけ手間がかかりそうですが、
このソースはゴルゴンゾーラと牛乳があれば大丈夫。
焼き上がったステーキを休ませている間に
ソースもできあがるので時間もかかりません。
ブルーチーズが苦手という方も、
これを機会に是非お試しください。
料理に用いることで新たな魅力を発見すれば、
いつのまにか「いちばん好きなチーズはゴルゴンゾーラ」ということになっているかもしれません。

使用チーズ

●材料（4人分）

牛フィレ肉（80g）4枚、小麦粉、オリーヴ油各適量、ゴルゴンゾーラ100g、パルミジャーノ・レッジャーノ40g、牛乳150ml、バター30g、塩、胡椒各適量

●作り方

①ゴルゴンゾーラは小さな角切りにする。パルミジャーノ・レッジャーノはすりおろす。

②牛フィレ肉に塩、胡椒をし、小麦粉をまぶす。

③フライパンにオリーヴ油を熱し、②の牛フィレ肉を好みの加減に焼き上げる。取り出してしばらくやすませ、肉汁を落

ちつかせる。

④鍋に牛乳と①のゴルゴンゾーラを入れて弱火にかけ、混ぜながら溶かす。

⑤①のパルミジャーノを加え、③の牛フィレ肉を入れてからめる。

⑥牛フィレ肉を皿に盛る。⑤の鍋に残ったソースは、塩、胡椒で味を調え、バターを加えて溶かし込む。牛フィレ肉にソースをかける。

こんなワインがぴったり！

たくましい肉厚なタイプの赤。バローロ（伊）、ボーヌ（仏ブルゴーニュ）など。

Gratin de pommes de terre au munster

マンステールとじゃがいものグラタン

マンステール&じゃがいも&クミンの美味しい三重奏

マンステールにはウォッシュタイプ特有の強い香りがありますが、味わいにコクがあり、食通好みといわれています。これと相性のよいのが熱々のじゃがいも。特に、グラタンにしてほどよい焦げ目をつけると、とびきりの美味しさが楽しめます。マンステールの故郷フランス・アルザス地方では、消化を助ける効果があるということからクミンシードを添えることがよくありますが、クミン&マンステールは味覚上でもよき伴侶といえます。

●材料（4人分）

じゃがいも2個、玉ねぎ（薄切り）1／2個、マンステール1個（200g）、ベーコン（細切り）50g、にんにく（みじん切り）1／2片、パセリ（みじん切り）大さじ2、クミンシード適量、バター10g、サラダ油、塩、胡椒各適量

●作り方

①じゃがいもは水からゆで、皮をむいて1㎝厚さに切る。

②マンステールは7～8㎜厚さに切り、外側の部分は切り取る。

③フライパンにサラダ油少量を熱し、ベーコンを炒める。ベーコンを取り出してバターを足し、にんにくを炒める。にんにくの香りが出てきたら玉ねぎを加え、しんなりするまで炒める。

④③のベーコンと玉ねぎ、パセリを混ぜ合わせる。

⑤グラタン皿に①のじゃがいもを並べ塩、胡椒をし、半量に④のベーコンと玉ねぎ、②のマンステールをのせる。残りにはマンステールだけをのせ、クミンシードをふる。180℃のオーヴンで焼き色がつくまで焼く。

★つけ合わせは、パセリ、パン粉、にんにくのみじん切りを混ぜ合わせてプチトマトの上にのせ、オーヴンで焼いたもの。彩りにマーシュなどを添えてもよいでしょう。

使用チーズ

Crocchetta di ricotta

リコッタのコロッケ

ワインにもよく合うイタリア風のコロッケ

イタリア語で「再び火を通した」という意味を持つリコッタは、チーズの製造過程で発生するホエー（乳清）をもう一度加熱して作るチーズです。カッテージチーズに似たくせのない味わいが特徴。イタリアでは、そのまま食べることはもちろん、パスタの詰め物にしたり、タルトにしたりと、料理にお菓子に大活躍です。ここではリコッタを揚げてコロッケにします。ほうれん草を加えると彩りがよく、栄養のバランスもよくなります。さらにパルミジャーノを加えるとコクが出て、ワインにもよく合う一品になります。

こんなワインがぴったり！

軽い口当たりのさわやかな辛口の白。ボージョレ（仏）、ラクリマ・クリスティ・デル・ヴェズーヴィオ（伊）など。

使用チーズ

●材料（10個分）

リコッタ250g、パルミジャーノ・レッジャーノ（すりおろす）25g、卵黄1個、固ゆで卵（粗く刻む）1個、ほうれん草200g、レモン汁少量、小麦粉、卵、パン

粉、レモン、塩、胡椒各適量

●作り方

①ほうれん草は塩ゆでにして冷水に落とし、水気をしっかり絞り、みじん切りにする。

②リコッタ、パルミジャーノ・レッジャーノ、卵黄、固ゆで卵、①のほうれん草を混ぜ合わせ、塩、胡椒、レモン汁で味を調える。

③10等分にして形作り、冷蔵庫で冷やし固める。

④③に小麦粉、溶き卵、パン粉の順に衣をつけ、170～180℃の油で揚げる。

⑤皿に盛り、レモンを添える。

Cassata alla siciliana

シチリア風カッサータ

シチリアの伝統菓子

カッサータは南イタリア・シチリア島の伝統菓子で、フルーツの砂糖漬けとリコッタで作ります。切り分けると、おもちゃの宝石を散りばめたような愛らしさがありますが、味のほうはマラスキーノ（さくらんぼ酒）の風味がしっかりときいた大人のデザートです。ジェラート（アイスクリーム）で作ったカッサータもありますが、リコッタで作ったものこそ、まさに昔ながらのシチリアの味といえるでしょう。

●材料（直径15cmのボウル1個分）

リコッタ400g、粉砂糖50g、卵黄2個、スイートチョコレート（粗く刻む）20g、フルーツの砂糖漬け（粗く刻む）80g、サルタナレーズン20g、マラスキーノ80ml、スポンジ生地適量、粉砂糖（飾り用）適量

●作り方

①サルタナレーズンは分量のマラスキーノに浸けて戻しておく。

②卵黄と粉砂糖50gを白っぽくなるまで泡立て器でかき混ぜる。

③リコッタを軽く練り、②を加えて混ぜ合わせる。

④③にスイートチョコレート、フルーツの砂糖漬け、①を加えて混ぜる。

⑤ボウルの内側に薄く切ったスポンジ生地をはりつけ、はみ出た部分は切り取る。

⑥⑤のボウルに④を詰め、薄く切ったスポンジ生地で上面を覆う。ラップをして、冷蔵庫で冷やし固める。

⑦十分に固まったらボウルをはずして皿に盛り、茶こしで粉砂糖を表面にふる。

使用チーズ

こんなワインがぴったり!

やや甘く、フルーティーなタイプの白。特にさわやかな刺激をもたらす発泡性のワイン。アスティ・スプマンテ（伊）など。

パンとチーズの基本的な相性

それぞれの個性を知って、おいしさを引き立て合う組み合わせを見つけましょう。

チーズをおいしく味わう方法はいろいろありますが、そのひとつがパンといっしょに食べることです。チーズには、フレッシュなものからよく熟成させたものまでさまざまなタイプがあり、そのパートナーとしてのパンは、それぞれのチーズの持ち味を生かしてくれるものが理想的です。

チーズを主体にパンを選ぶなら、シンプルなパン、すなわち、バターやミルク、卵や砂糖をあまり使っていないものが適当です。こうした種類のパンの例を挙げるなら、一般にフランスパンの名で親しまれているパン・トラディショネル、ロッゲンミッシュブロートに代表されるドイツのライ麦パンなどがありますが、これらは、比較的どんなチーズにも合わせやすいといえます。

逆に、パンを主体にチーズを選ぶなら、クロワッサンやブリオッシュのようにバターをたっぷり使ったパンには、軽い酸味のあるフレッシュタイプやシェーヴルタイプ、そしてライ麦パンのように酸味を持ったパンには、熟成が進んだウォッシュタイプやセミハード、ハードタイプが合います。

一方、クルミやレーズンの入ったパンには、クリーミーな白かびタイプや青かびタイプ、またはブリヤ＝サヴァランのようにフレッシュタイプのなかでも高脂肪のものがよく合います。

こんなパンがぴったり

フレッシュタイプ	小麦粉の風味を生かしたシンプルなパン。または、クロワッサンやブリオッシュのようにバターをたっぷり使ったものや、ナッツやドライフルーツ入りのパン。
白かびタイプ	くせのないシンプルなパン・トラディショネルや、素朴な風味のパン・ド・カンパーニュ。または、クルミやレーズン入りのパン。
シェーヴルタイプ	クロワッサンやブリオッシュのようにバターをたっぷり使ったもの。または、ライ麦パンやカイザーゼンメルのように素朴でしっかりとした味わいのパン。
ウォッシュタイプ	ロッゲンミッシュブロート、ハーファーフロッケンブロートなど、独特な酸味を持つライ麦パン。または、パン・コンプレのように小麦全粒粉を多く配合したパン。
青かびタイプ	ライ麦パン（ナッツやドライフルーツの入ったもの）。または、パン・ド・カンパーニュなど素朴な風味のもの。
セミハードタイプ ハードタイプ	小麦全粒粉を多く配合したパン。または、独特な酸味を持つロッゲンミッシュブロートや、カラス麦を配合したライ麦パンのハーファーフロッケンブロートなど。

Pain de campagne

パン・ド・カンパーニュ

素朴な風味の田舎パン。

●こんなチーズがぴったり

すべてのタイプのチーズ。特に青かびタイプや、ブリーのように個性の強いクリーミーな白かびタイプ。

こんなパンにはこんなチーズ

Pain traditionnel

パン・トラディショネル

一般に「フランスパン」と呼ばれているもの。長さや太さによってバゲット、パリジャン、バタールというように名称が変わる。

●こんなチーズがぴったり

すべてのタイプのチーズ。パリッとして香ばしい表皮は特に白かびタイプのチーズと相性がよい。

Pain de seigle aux abricots

パン・ド・セーグル・オ・ザブリコ

ライ麦を多く配合したパンで、ドライアプリコットが入ったもの。

●こんなチーズがぴったり

塩味の強い青かびタイプ、または酸味の強いフレッシュタイプ。どちらもアプリコットの甘酸っぱさと相性がよい。

Pain de seigle aux noix

パン・ド・セーグル・オ・ノワ

ライ麦を多く配合したパンで、クルミが入ったもの。

●こんなチーズがぴったり

クリーミーな口当たりの白かびタイプや青かびタイプ。または、フレッシュタイプ。特にブルサンやブリヤ＝サヴァランのように高脂肪のもの。

Pain de seigle aux raisins

パン・ド・セーグル・オ・レザン

ライ麦を多く配合したパンで、レーズンが入ったもの。

●こんなチーズがぴったり

カマンベールやブリーなど個性の強いクリーミーな白かびタイプや青かびタイプ。またはブルサンやブリヤ＝サヴァランのように高脂肪のフレッシュタイプ。

Pain complet

パン・コンプレ

小麦全粒粉（グラハム粉）を多く配合したパン。

●**こんなチーズがぴったり**

セミハード、ハード、ウォッシュタイプなど、ややくせのあるタイプ。

Brioche

ブリオッシュ

卵、バターをたっぷり使用したリッチなパン。

●**こんなチーズがぴったり**

上品な酸味を持ったシェーヴルタイプ、またはフレッシュタイプ。

Kaisersemmel

カイザーゼンメル

少量の油脂を配合した軽い口当たりの小麦パン。

●**こんなチーズがぴったり**

爽やかな酸味を持ったシェーヴルタイプ、またはフレッシュタイプ。

Roggenmischbrot

ロッゲンミッシュブロート

独特な酸味を持つライ麦パン。

●**こんなチーズがぴったり**

熟成の進んだウォッシュタイプ、またはセミハード、ハードタイプ。

Haferflockenbrot

ハーファーフロッケンブロート

カラス麦を配合したライ麦パン。

●**こんなチーズがぴったり**

さわやかな酸味を持ったフレッシュタイプ。または、ウォッシュタイプやシェーヴルタイプのように個性の強いもの。

Schweizerbrot

シュバイツァーブロート

少量のライ麦粉を配合したパン。

●**こんなチーズがぴったり**

セミハード、ハード、青かびタイプ、または、ウォッシュタイプ。

世界のチーズ

“イタリア”

フランスに次ぐチーズ王国。注目度アップ

イタリアもフランスに負けず劣らず多種多様なチーズがあり、その数は、400種類とも600種類ともいわれています。

これは、イタリアが日本と同じく南北に細長くのびた国土をもち、南と北では気候が異なるという変化に富んだ環境に恵まれていることや、各地に伝わる伝統技術が連綿と受け継がれていることによります。

そして、チーズ作りの歴史も古く、紀元前1000年ごろ、エトルリア人(※)がこの地にチーズを伝え、ヨーロッパにおけるチーズ作りの発祥となったといわれています。

イタリアにおけるチーズ消費量は、ひとり当たり年間約17kg。これは、フランス、ギリシャに次いで世界第3位ですが、生産量のほうは約70万トンで世界第5位。消費量の多さから見ると意外な順位ですが、輸出量が年間約5万トンに対して輸入量が約30万トンというバランスを見ると納得がいきます。

残念ながら、日本にはまだまだ限られた種類のものしか入ってきていませんが、昨今、イタリア料理が親しまれるようになって以来、モッツァレッラやマスカルポーネ、パルミジャーノ・レッジャーノをはじめとするイタリアチーズの素晴らしさが広まってきたのは大変喜ばしいことだと思います。

※エトルリア人
古代北イタリアの住民。小アジア方面から紀元前10世紀頃移住してきたと考えられる。紀元前3世紀にローマに攻撃されて滅亡。

part 3
cheese selection91

チーズセレクション91

世界のチーズ91種を、チーズのタイプ別に紹介しました。

フレッシュタイプ・・・98ページ
白かびタイプ・・・114ページ
ウォッシュタイプ・・・130ページ
シェーヴルタイプ・・・146ページ
青かびタイプ・・・162ページ
セミハード＆ハードタイプ・・・178ページ

フレッシュタイプ

ヨーグルトよりもコクがあり、酸味がやさしいフレッシュタイプのチーズ。
そのまま食べても美味ですが、ジャムやフルーツ、
ハーブを添えるといっそうおいしく食べられます。

くせのない、生まれたての無垢なるチーズ

フレッシュタイプのチーズとは、乳を乳酸や酵素などで凝固させたものを脱水し（乳清＝ホエーを抜く）、熟成させずに（あるいは短い期間の熟成を経て）仕上げられたものをいいます。もともと、このタイプは、農家で自家用に作られてきた即製チーズで、いわばチーズ作りの原点ともいえます。

原料乳には、牛乳が最も多く使われますが、ヨーロッパには山羊乳や羊乳を使ったものもあります。MG（固形分中の脂肪分含有率）は、通常45％程度ですが、よりクリーミーにするために、原料乳に生クリームを添加して、脂肪分含有率を高めたものもあります。ちなみに脂肪分含有率が60％以上のものをダブルクリーム、70％以上のものをトリプルクリームといいます。

種類としては、大きく分けると、フロマージュ・ブランやモッツァレッラのように、作りたての新鮮なものを食べるタイプと、バノンやサン＝マルスランのように、熟成させて風味とコクを楽しむものの2種類があります。

前者は、時間が経つほど風味が落ちるので、できるだけ新しいものを求め、製造日から2〜3週間以内に食べきるのが一番です。

また、バノンやサン＝マルスランは、1、2か月熟成させたころが食べごろといわれていますが、すでに熟成させたものを求めた場合は、早めに賞味したほうがよいでしょう。味わいは、概してくせがなく、やわらかく、クリーミー。ヨーグルトよりもコクがあり、酸味が穏やかなのが特徴です。

食べ方は、そのまま食べるほか、フロマージュ・ブランやカッテージチーズのように塩気のないタイプなら、砂糖、ジャム、蜂蜜を加えたり、フルーツやナッツを添えたり、あるいは塩と胡椒で調味して、ハーブやスパイスを添えると、よりおいしく食べられます。いずれも、冷蔵庫でほどよく冷やして食べるとよいでしょう。

また、モッツァレッラやリコッタは、サラダをはじめ、料理に多く使われます。クリームチーズやマスカルポーネは、デザートチーズとも呼ばれるチーズで、チーズケーキやティラミスなど、お菓子作りに多く使われます。

Fromage blanc
フロマージュ・ブラン

ヨーグルトに似た白いチーズ

フロマージュ・ブランとは、フランス語で「白いチーズ」という意味。「フロマージュ・フレ（＝フレッシュ）」とも呼ばれている。

牛乳に純粋培養の乳酸菌（スターター）を加え、乳酸発酵させて凝固させたもので、作り手により脂肪分含有率の異なる牛乳が使われる。軽く脱水し（乳清＝ホエーを抜く）、容器に詰めて出荷するが、フランス国内では、ほとんど脱水しないものもある。

口当たりはなめらか（カンパーニュと呼ばれるぼそぼそしたタイプもあるが一般的ではない）で、味わいはヨーグルトに似ているが、ヨーグルトよりも酸味が穏やかで、コクがある。

粉砂糖や蜂蜜をかけてデザート的感覚で食べてもよいが、香草やにんにくを加え、塩、胡椒で調味してサラダ風もいける。

data

産地　フランス
原料乳　牛乳
形状　容器入り（フランスのチーズ店では量り売りすることもある）
MG　0〜40%

手前MG0%、奥MG40%。

Boursin
ブルサン
にんにく、胡椒、香草の風味を楽しむ

フランス、ノルマンディ地方産。牛乳にクリームを添加して作る。

チーズ自体にくせはないが、にんにくとセルフィーユやエストラゴンなどの香草を刻んだものが入ったアーユのほか、黒胡椒が効いたポワヴルやサーモンなどがあり、それぞれの風味が楽しめる。

手をかけずとも、そのままパンやクラッカーにぬるだけでちょっとしたオードヴルになり、パーティには重宝する。またゆでたじゃがいもやステーキに添えても美味。ちょっとしたソース代わりにもなる。

ディップにするときは、生クリームを少し加えてやわらかくするとよいだろう。

ワインとの相性のよさはもちろんのこと、ブルサン・アーユやブルサン・ポワヴルはビールとの相性も抜群である。

data

産地　フランス
原料乳　牛乳
形状　円筒状（直径8cm、高さ4cm、重さ150g）
MG　70%

写真はパッケージ、中身ともにブルサン・アーユ。

Brillat-Savarin

ブリヤ＝サヴァラン

レアチーズケーキを思わせるさわやかな風味

このチーズは、フランスを代表する美食家ブリヤ＝サヴァラン（１７５５〜１８２６／『美味礼讃』の著者で政治家でもあった）にちなんで命名されたことでも知られる。

もともとは、１９３０年代にパリの有名なチーズ商アンドゥルエがノルマンディ地方のチーズ「エクセルシオール」にヒントを得て作ったものだが、今ではフランス中（主にノルマンディ地方）で作られている。

牛乳にクリームを添加して作る。脂肪分含有率が75％と高く、非常にクリーミー。熟成させるタイプとさせないタイプがあるが、熟成させないものはミルクの甘みと適度な酸味があり、レアチーズケーキを思わせる味わいだ。これに対し、熟成させたものは酸味が減って、風味も濃厚。また外観も、白かびで覆われるようになる。

data

産地　フランス
原料乳　牛乳
形状　円盤状（直径12〜13cm、高さ3.5〜4cm、重さ450〜500g）
MG　75％

Saint-Marcellin
サン＝マルスラン
シェーヴルタイプに似たさわやかな酸味

フランスの南東部、ドーフィネ地方で作られる。かつては山羊乳で作られていたが、現在は牛乳製が主流である。

　フレッシュなものと熟成させたものがあり、熟成させたものは「サン＝マルスラン・アフィネ」と呼ばれる。

　加熱も圧搾も練り合わせもせず、ただ水分を除いた乳に加塩して作る。中身はやわらかく、引き締まった組織を有する。外側は自然にできた薄い表皮に包まれ、その色は初め純白色。熟成するにしたがってオレンジがかった色となり、やがては灰色がかったかびに覆われるようになる。

　味わいは、フレッシュなうちはシェーヴル（山羊乳）タイプにも似た軽い酸味があり、熟成すると甘みを増す。フレッシュとアフィネを食べ比べてみるのも一興である。

data

産地　フランス
原料乳　牛乳（山羊乳製もある）
形状　円盤状（直径7～8cm、高さ2.5～3cm、重さ90～100g）
MG　50%

写真上はフレッシュタイプ、左は熟成させたもの。

写真右、下ともに山羊乳製。

バノン・ア・ラ・フイユ
Banon à la feuille
栗の葉に包まれた南仏プロヴァンスのチーズ

原産地は南仏プロヴァンス地方、バノン村。農家では山羊乳または牛乳から、農家以外では牛乳を用いて、工場で作られる。また、フレッシュなものと熟成させたものがある。

脱水し、型に詰めた凝乳は約2週間乾燥させ、蒸留酒またはマール（ぶどうの搾りかすから作られたブランデー）に浸けた後、やはり蒸留酒かマールに浸けた栗の葉で包み（この段階のものがフレッシュ）、2～4週間熟成させる。また農家製は、ラフィア（椰子《やし》の葉）で作ったひもをかけ、出荷する。

若いうちはミルクの香りと軽い酸味があり、質感はしっかりと締まっているが、熟成が進むにつれてやわらかくなり、チーズの熟成香とマールの香りが入り混じり、酒かすのような風味が生まれる。山羊乳製は春～秋が味がよい。

data

産地　フランス
原料乳　山羊乳または牛乳
形状　小円盤状（直径6～7cm、高さ約3cm、重さ90～120g）
MG　45%

右は牛乳製。

フロマージュ・ブランやモッツァレッラ、ブルサンなど、フレッシュタイプのチーズは朝食にぴったり。

Mascarpone
マスカルポーネ

ティラミスの材料としても有名

原産地はイタリアのロンバルディア州。かつてはこの地で秋冬のみに作られていたが、現在はイタリア各地で1年を通して生産されている。

原料乳は牛乳。口当たりはしっかりと泡立てた生クリームのようで、風味は生クリームというよりもバターに近い。

イタリアのデザート「ティラミス」の材料としてもよく知られ、エスプレッソコーヒーやブランデーとの相性のよさは申し分ない。

ほかに、ベリー類（イチゴやラズベリー、ブルーベリーなど）や柑橘類など、酸味の多いフルーツとの相性もよい。

マスカルポーネの語源は諸説あるが、スペインの総督がこのチーズを食べて「マス・ケ・ブエ（何て素晴らしい）！」と絶賛したことによるという説が有力と思われる。

data

産地　イタリア
原料乳　牛乳
形状　容器入り（通常250gと500gがある）
MG　60～90%

Ricotta
リコッタ
デザートや料理作りにも大活躍

リコッタとは、イタリア語で「再び火を通した」という意味。ほかのチーズを製造する過程で発生した乳清（＝ホエー）そのままか、または乳を加えたものを、もう一度加熱して（蒸気を通して）凝固させることからこの名が付いた。

　原料は羊乳、牛乳、山羊乳、水牛乳とバラエティに富むが、日本に入ってくるものはほとんどが牛乳製。現在では生クリームを添加して作られることが多いが、これは「リコッタ・アッラ・パンナ」と呼ばれる。

　味わいはカッテージチーズに似ていて淡泊だが、乳糖やたんぱく質がたくさん残っている乳清（＝ホエー）を原料とすることから、自然な甘みがある。

　イタリアでは、そのまま、あるいは粉砂糖をかけて食べるほか、お菓子の材料に用いたり、パスタの詰物に使われる。

data

産地　イタリア
原料乳　羊乳、牛乳、山羊乳、水牛乳
形状　容器入り
MG　4～10%（アッラ・パンナは15～30%）

Mozzarella di Bufala
モッツァレッラ・ディ・ブファラ

水牛乳のほのかな甘みと香りがいっぱい

原産地は南イタリアのカンパーニャ州。原料は水牛乳。

製造法を簡単に説明するとまず、温めた乳に凝乳酵素を加え、乳清（＝ホエー）を除いてそのまま約4時間おく。それを細かく刻んだところに熱湯を注いで混ぜると、つきたての餅のようになる。これを練り、伸ばしてひきちぎったものがモッツァレッラである。最後は順に水に浸けて出荷する。

水牛乳の香りが豊かで、ほんのり甘く、食感はもちもちとしている。加熱すると糸を引くように伸び、ピッツァには最適。

モッツァレッラとトマトの薄切りを交互に並べ、塩、胡椒、バジル、オリーヴ油をかけたサラダ（＝カプレーゼ）も有名である。

data

産地　イタリア
原料乳　水牛乳
形状　不揃いな球状。通常225〜450g（20〜30gのものをチリエージ、50g程度をオヴォリーネ、150〜250gをボッコンチーノと呼ぶ）
MG　50%（乳製は45%）

モッツァレッラには２種類ある

モッツァレッラ・ディ・ブファラは水牛乳から作られているが、現在日本で販売されているモッツァレッラは牛乳から作ることのほうが多い。ただし、牛乳製は「フィオール・ディ・ラッテ」と呼び、ブファラと区別される。

作りたてのモッツァレッラは、口の中にほんのり甘さが広がる。

写真手前左からプレーン、チョコレート、イチゴ、奥左からハーブ、オレンジ、パイナップル。

Cream cheese
クリームチーズ
ヨーグルトに似た白いチーズ

凝乳（＝カード）から乳清（＝ホエー）を分離させたあとクリームを加えて作る。

　プレーンなタイプのほか、パイナップルやオレンジなどのフルーツの入ったものや、チョコレートを練り混ぜたものなどがある。世界の多くの国で作られているが、特にデンマークのクリームチーズは品質が高いことで定評がある。

　プレーンタイプは、チーズケーキの材料としておなじみだが、ハムやスモークサーモンとの相性もよく、カナッペやサンドイッチに向く。バターの代わりにパンにぬり、マーマレードやジャムをのせても美味。チーズのコクと軽い酸味がマーマレードの甘みと苦み、ジャムの甘みと芳香に絶妙に合う。

　まとまった量を使うのでなければ、キューブ状のものを求めればよいだろう。

data

産地　デンマークなど
原料乳　牛乳
形状　直方体、キューブ状など
MG　60〜70%

クリームチーズのバリエーション

ハーブを表面にたっぷりつけて、ロール状にまいたタイプ。バジリコなどハーブの香りがスパイシー。

プレーンタイプのクリームチーズ。パンやクラッカーにぬって食べるほか、料理にも使われる。

キウイ風味のクリームチーズ。キウイの香りと甘みにクリームチーズの酸味が合わさり、さっぱりしている。

アプリコットの入ったクリームチーズ。甘ずっぱいアプリコットとマイルドなクリームチーズはよく合う。

チョコレート風味のクリームチーズ。食後のデザートチーズとして食べるのに最適なタイプだ。

ラムレーズン風味のクリームチーズ。ラムの甘い香りが効いた大人の味わいが楽しめる。

パッケージ入りで保存しやすい。ブラックペパー、ガーリック＆ハーブ、オニオンの３種類がある。

サーモン風味のクリームチーズ。ハーブ入りなのでサーモンの生臭さをまったく感じさせず、食べやすい。

Feta
フェタ
現存するチーズの中では最古のもの

原産地はギリシャ、バルカン地方。もともとは、アテネの北の山岳地帯で羊飼いたちが羊の乳から作っていたチーズ。その歴史は2～3千年前まで遡るといわれている。今日では世界各地で作られているが、生産量が一番多いのはデンマークである。

伝統的には羊乳または山羊乳製だが、現在は牛乳製のものが主流。保存性を高めるために塩水に浸けることがある（特に輸出向けの場合）。塩水浸けのものは、食べる前に牛乳に浸し、塩抜きをする。サラダやオムレツに入れて食べるとよい。

data

産地　デンマーク、ギリシャなど
原料乳　牛乳（羊乳製もある）
形状　多くは角盤状（一定していない）
MG　40%（牛乳）、50%（羊乳）

Halloumi
ハロウミ
ミントの葉を練りこんでいるのが特徴

原産国はキプロス。牛乳製もあるが、元来は羊乳製。羊乳のほうがコクがある。

見たところは上記フェタに似ているが、中にミントの葉を練り込んでいるのが特徴。

モッツァレッラのように引き締まった組織で弾力があるが、加熱しても溶けない。

塩水に浸けてあるので、食べる前に牛乳に浸して塩抜きをする。スライスしてそのまま食べるほか、餅のように焼いたりフライにするとよい。キプロスでは、すいかと一緒に食べることが多い。

data

産地　キプロス
原料乳　羊乳（牛乳製もある）
形状　角盤状（大きさは一定）
MG　40%

Cottage cheese
カッテージチーズ

お菓子の材料やサラダに

かつてはイギリスやアメリカの農家で牛乳を原料に作られていたが、現在は世界各国で脱脂乳か濃縮脱脂乳または脱脂粉乳から生産されている。

熟成させていないので、味わいは淡泊でくせがない。軽い酸味があり、口当たりはしっとりとしている。

粒状タイプとクリーム状に練ったタイプがある。そのままパンやクラッカーにのせたり、サラダに入れたりするほか、クリーム状のものはお菓子の材料としても向く。チーズケーキに使うと軽い仕上がりになる。

data

産地　世界の多くの国で作られているが、日本で出回っているものは主に国産品
原料乳　牛乳(脱脂乳または脱脂粉乳)
形状　容器入り
MG　製造者により違う

Scamorza
スカモルツァ

モッツァレッラの兄弟分と呼ばれるチーズ

産地はイタリア（カンパーニャ地方など）。かつては水牛乳から作られていたが、現在は牛乳製が一般的。モッツァレッラと同様、「パスタ・フィラータ」といって、凝乳（カード）を熱湯の中でこね、糸のように伸ばして作る。

一般的に、スモークしたものが多く売られているが、スモークしていないものもある。

スモークしたものは、表面が茶色だが、中身は白色。組織は引き締まり、餅のような弾力を持つ。ワインにもビールにもよく合う。

data

産地　イタリア
原料乳　水牛乳、牛乳
形状　西洋梨、レモンのような形（重さ250～400g）
MG　45%

白かびタイプ

若いうちは穏やかでクリーミー、
そして徐々に円熟味を増し、深い味わいに。
熟成の度合いによって、いろいろなおいしさが楽しめます。

くせの少ないマイルドな風味が人気

白かびタイプのチーズとは、凝乳（カード）の表面にかびスターターを噴霧して白かびを繁殖させ、白かびから発生する酵素の働きによってたんぱく質や脂肪を分解し、熟成させたものです。

熟成は、外側から内側に向かって進んでいきますので、未熟なうちは中央部に白いチョークのような芯が残り、ぼそぼそしますが、熟成が進むとやわらかくなり、色も全体的に黄色みを増してきます。

白かびは、たんぱく質の分解力が強いので、熟成タイプのチーズのなかでは最も早く熟成します。

味わいは、熟成期間が短いだけに、若いうちは、原料乳のクリーミーさが生かされ、くせのないマイルドな味わいですが、熟成が進むにつれて強い個性を発揮するようになり、特有の芳香とコクが生まれます。

原料乳は牛乳を使ったものがほとんどで、チーズ作りは1年中行われますが、春の若草を食んだ牛の乳で作ったものは、一年の中でも最もおいしいチーズになります。

熟成加減は好みの問題ですから、どの段階がもっともおいしい食べごろと断定することはできませんが、フランスのカマンベール・ド・ノルマンディを例にとると、目安は次のとおりです。一般に、おおよそ製造後7～8週間目（輸入年月日から2～3週間目）ぐらいが適熟といわれています。

●**製造後3～4週間目（未熟）**

全体に固く、中央にチョークのような芯がある。ぼそぼそとして、風味に欠ける。

●**製造後5～6週間目（やや若い）**

中心の白い部分がほとんど消え、全体がなめらかになる。風味はまだ十分でないが、くせがなく、ミルクの甘みや香りが楽しめる。

●**製造後7～8週間目（適熟）**

表面の白かびが減り、赤褐色の斑点があらわれる。中身は黄色みを増し、マッシュルームやナッツのような芳香とコクが現れる。

●**製造後8～9週間目（過熟）**

ピリッと舌を刺すような刺激と軽いアンモニア臭が出てくる。

Brie de Meaux
ブリー・ド・モー（AOC）

「チーズの王」と称賛される上品な味わい

原産地はパリの東50キロ、イル＝ド＝フランス地方、モー村。ブリーと名の付くチーズはいくつかあるが、モー産は一番大型。

表面の白かびは熟成が進むと少なくなり、ところどころに赤茶色の筋や斑点が現れる。

中身は淡黄色でやわらかい。香りは、果実や蜂蜜を思わせる優雅さを備え、味わいは、豊潤なミルクの風味に富み、はしばみを彷彿とさせる。

熟成は製造日から最低4週間（通常8週間）。切ったときに中身が流れ出るくらいの状態が食べごろである。

歴史的には、ウィーン会議（1814〜1815年）の折りに開かれたチーズコンテストで、選りすぐりの50種のなかからみごと1位に選ばれ、「チーズの王」の称号を得たことがある。今日もその座をほかのチーズに明け渡すことなく人気を博す。

data

産地	フランス
原料乳	牛乳
形状	円盤状（直径36〜37cm、高さ3〜3.5cm、重さ2.5〜3kg）
MG	45％以上
AOC取得	1980年8月

Brie de Melun

ブリー・ド・ムラン（AOC）

コクのある、力強い男性的な味わい

ブリー・ド・モーの産地（＝モー村）からほど近いムラン村で作られる。

ブリー・ド・ムランはブリー・ド・モーとよく比較されるが、一般に、モーが優雅で繊細、女性的な味わいというのに対して、ムランはそれよりもコクがあり、力強く男性的な味わいといわれている。

その違いは、生産方法の違いから生じる。すなわち、牛乳を凝固させる際、モーは凝乳酵素を使って30分程度で固めてしまうのに対し、ムランは乳酸発酵が主で、18時間以上かけて固める。熟成もムランのほうが幾分長めで、通常7～10週間。この間に酸味やコクが養われるため、ムランのほうがコクの際立つ味わいとなり、塩味もモーより強く感じられるというわけだ。

形は、モーが直径36～37センチあるのに対し、ムランはそれより小振りで直径27～28センチ。厚みがあり、ずんぐりして見える。

製造に手間と時間がかかることから、年間生産量はブリー・ド・モーよりはるかに少ない。

data

産地	フランス
原料乳	牛乳
形状	円盤状（直径27～28cm、高さ3.5～4cm、重さ1.5～1.8kg）
MG	45%以上
AOC取得	1980年8月

Camembert de Normandie
カマンベール・ド・ノルマンディ（AOC）

カマンベールの中のカマンベール

「カマンベール」を名乗るチーズは現在、世界各国で作られているが、「カマンベール・ド・ノルマンディ」といえば、原産地であるフランス、ノルマンディ地方で伝統的な製法に則して作られたものを指す（ノルマンディ産の記載はAOCとは無関係）。

原料乳は無殺菌の（加熱処理をしない）生乳。熟成は製造日から最低21日。表面から内側に向かって熟成が進んでいくため、若いうちは中心部が熟成しきれず、白いチョークのような芯になるが、熟成が進むにつれて徐々にやわらかくなってくる。

熟成加減に関しては28ページを参考に。また、味わいは、ミルクの風味が濃厚で、塩味がやや強い。旬は春～夏にかけてで、そのころが最もおいしい。

data

産地　フランス
原料乳　牛乳
形状　円盤状（直径10.5～11cm、高さ約3cm、重さ250g以上）
MG　45%
AOC取得　1983年8月

AOCを持たないカマンベール

118ページで紹介した「カマンベール・ド・ノルマンディ」はAOCチーズ（AOCについては210ページ参照）ですが、AOCの資格を持たない「カマンベール」というものもあり、ドイツ、デンマーク、日本をはじめ、世界各国で作られています。

そもそもAOCの資格を持つためには、フランス・ノルマンディ地方の中でも特定の地域で作られることが指定され、乳もノルマンド種と呼ばれる牛の無殺菌生乳（乳脂肪分が4～4.5％と高く、香りがよい）を使うことが義務づけられています。

無殺菌生乳を使う目的は、乳の中にあるバクテリアの作用を生かして風味豊かなチーズに仕上げるため。同じノルマンディ地方産のカマンベールでも殺菌乳や半殺菌乳を使っているものは、いずれもAOCの資格を持たず、風味の違いは歴然としています。

また、ロングライフのカマンベールというのもありますが、これは熱処理をしてかびの活性を失わせ、缶詰めにしたものです。熟成を楽しむタイプではありませんが、長期保存がきくので、買い置きしておけばいつでも気軽に食べられます。また、価格も手頃というのは大きなメリットです。

AOCを持つもの、持たないものを同じ土俵に上らせれば、AOCチーズのほうに軍配が上がることはいうまでもありません。しかし、そんな比較をしても虚しいばかり。それよりも、まったく別のチーズとして、それぞれの長所を享受するほうが楽しみは2倍3倍に増えるでしょう。

Coulommiers
クロミエ

ブリーとは兄弟の仲

原産地はイル＝ド＝フランス、クロミエ村。ブリーの兄弟といわれているが、ブリーよりも小型で、カマンベールよりひと回り大きい程度である。

熟成は、加熱殺菌していない生乳を使ったものは8週間、殺菌乳を使ったものは4週間。

若いうちはフレッシュチーズに似たさわやかな酸味があるが、熟成が進むと酸味が減り、コクが出る。若いうちは、中心にチョークのような芯があり、クリーミーさに欠けるが、しだいになめらかなペースト状になる。

適熟の加減は、表面の白かびが減り、赤茶色の斑点が現れるのを目安にするとよい。

近年では工場製のものが多く見られるが、伝統的な製法に則して作られた農家製のものはブリーに近い風味がある。農家製は夏の終わりから翌年春までの間に作られたものの味がよい。

data

産地　フランス
原料乳　牛乳
形状　円盤状（直径12.5〜15cm、高さ3〜4cm、重さ400〜500g）
MG　40%以上

クロミエはブリーよりもかなり小ぶり。工場製はカマンベールに近い味わいである。

Chaource
シャウルス（AOC）

猫と熊を描いた紋章が目印

原産地はフランスのシャンパーニュ地方。シャウルスはこの地方の町の名前だが、現在ではシャンパーニュのほか、ブルゴーニュ地方の一部でも作られている。

表皮は厚いベルベット状の白かびで覆われ、中身は淡黄色でやや粉質。熟成が若いうちは、中心にチョークのような白い芯がある。

熟成は2週間以上（通常1か月）。味わいは、白かびタイプの中では、塩味、酸味ともやや強め。風味は、はしばみや、きのこを思わせる。

旬は初夏。特に、5月に搾った乳から作られるものは、1年のうちでもっとも味がよいといわれている。

パッケージに描かれた紋章はシャ（＝猫）、ウルス（＝熊）にちなんだもの。このチーズの目印である。

data

産地	フランス
原料乳	牛乳
形状	円筒状（大は直径約11cm、高さ6～7cm、重さ450g以上、小は直径約9cm、高さ5～6cm、重さ250g以上）
MG	50%以上
AOC取得	1977年1月

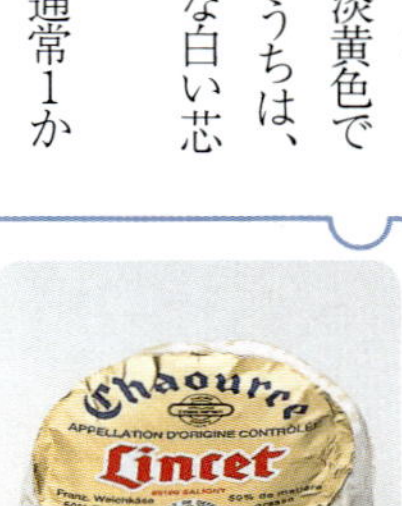

Neufchâtel

ヌーシャテル（AOC）

ノルマンディで一番古くから作られているチーズ

原産地はフランス、ノルマンディ地方。起源は中世に遡り、11世紀の文献には既に登場することから、ノルマンディで最も古くから作られているチーズといわれている。

形状は、クール（ハート状）、グラン・クール（大きなハート状）、ボンド（樽栓状）、ドゥーブル・ボンド（大きな樽栓状）、カレ（角盤状）、ブリケット（煉瓦状）の6種類。

熟成は凝乳酵素を入れた日から最低10日以上（通常3週間）。中身は凝乳（カード）をこねて均質化させて作られるので、なめらかでねっとりしている。

味わいは、軽い塩味のきいたピリッとした風味がある。

原料は加熱処理していない生乳か殺菌乳を使用。後者は1年を通して味が変わらないが、生乳を用いたものは、夏と秋が最も味がよい。

data

産地　フランス
原料乳　牛乳
形状　ハート状（大小）、角盤状、樽栓状（大小）、煉瓦状
MG　45%以上
AOC取得　1977年1月

Gaperon

ガプロン

にんにくと胡椒の風味を楽しむ

原産地はフランス、オーヴェルニュ地方。半分脱脂した凝乳（＝カード）を古いシーツの中でよく水切りし、バターミルク（※注1）をかけてやわらかくした後、塩、胡椒、にんにくを混ぜて練り、半球状に形を整え、乾燥・熟成させる。

ガプロンの名は、オーヴェルニュ地方の言葉でバターミルクを意味する「ガープ（gape）」にちなみ、その製法に起因する。

熟成は1～2か月。かつてはひもを巻き、かまどのそばに吊るすなどして熟成させていた。現在、仕上げに黄色いひもが巻かれるのは、その当時の名残りだ。外皮の白かびは自然発生したもので、表面を薄く覆う程度。表面はやや硬い。中身は淡黄色で半硬質。

薄くスライスしてそのまま食べるほか、サラダに入れてもおいしい。硬くなったものは、すりおろしてパスタなどにかけるとよい。

※注1
バターミルクとは、クリームからバターをとった残りの液体のこと。脂肪分含有率が0.5～1.0％で、成分は脱脂乳とほとんど同じである。

data

産地　フランス
原料乳　牛乳
形状　半球状（底の直径8～9cm、高さ8～9cm、重さ250～350g）
MG　30～45％

胡椒とにんにくが効いたガプロンはスパイシーでとてもコクがある。

Baraka
バラカ

幸運を呼ぶ〝馬の蹄（ひずめ）〟を形どる

フランスのイル・ド・フランス地方で作られる馬蹄形《ばていけい》をしたチーズ。

表面を覆う白かびは、緻密で厚く、中身は黄色みを帯びたクリーム色でやわらかい。

味わいは、非常にマイルドでクリーミー。バターに似た香りと味わいがある。外皮がわずかに赤みを帯びてきたころが食べごろである。

フランスでは、馬の蹄は幸運を呼ぶ縁起物と考えられている。そんなエピソードを添えて、バラカを贈り物にするのも楽しいだろう。

data

産地　フランス
原料乳　牛乳
形状　馬蹄状（重さ200g）
MG　70%

Boursault
ブルソー

ブリーを思わせる繊細な味わい

第二次世界大戦後、イル＝ド＝フランス地方（パリの東50キロ）、サン・シール・モラン村のチーズ職人、ブルソー氏が考案して作り出したもの。

原料は牛乳に生クリームを添加したもので、脂肪分含有率が高い（MG70％）。

表皮はわずかに白かびに覆われ、中身はしっとりとして、やわらかい。

熟成は約2週間。味わいは、ブルソー氏がブリーを意識して作ったとあって、ブリーを思わせる繊細さを備え、軽い酸味も感じられる。

data

産地　フランス
原料乳　牛乳
形状　円筒状（直径約8cm、高さ4cm、重さ200g）
MG　70%

Suprême
シュプレーム
口溶けのやさしさは〝最高〟

原産地はフランス、ノルマンディ地方、ブレー地区。シュプレームは、フランス語で「最高」という意味である。

牛乳に生クリームを添加して作る。脂肪分含有率が62%のダブルクリーム(脂肪分含有率が60%以上のこと)で、味わいは、クリーミーで口溶けがやわらかい。

熟成は約10日。2~3週間たつと、ほのかにマッシュルームの香りが感じられるようになる。

カプリス・デ・ディユーとよく似ているが、シュプレームのほうがややずんぐりした楕円状をしている。

data

産地 フランス
原料乳 牛乳
形状 楕円状(Lサイズは長径12cm、短径8cm、高さ4.5cm、重さ200g、ほかに125gのSサイズと1.8kgのクーペサイズもある)
MG 62%

Explorateur
エクスプロラトゥール
トリプルクリームの豊潤な風味

パリの東約50キロ、イル=ド=フランス地方で作られる。

原料は、牛乳に生クリームを添加したもので、脂肪分含有率が75%のトリプルクリーム(脂肪分含有率が70%以上のこと)。

熟成は2~3週間。味わいは非常に濃厚な風味で、クリーミーで、バターに近い。

同じタイプの脂肪分の高いチーズ、すなわち、カプリス・デ・ディユーやシュプレーム、クータンセなどに比べると、塩味がきいている。

エクスプロラトゥールとは、フランス語で探検家という意味。商標名である。

data

産地 フランス
原料乳 牛乳
形状 円筒状(直径約8cm、高さ約6cm、重さ250g)
MG 75%

カプリス・デ・ディユー
Caprice des Dieux

"神様の気まぐれ"という名の人気者

原産地はフランス、シャンパーニュ地方。工場製のチーズとして1956年に初登場した。牛乳に生クリームを添加して作る。脂肪分含有率が60%以上のダブルクリーム。

熟成期間は約2週間。外皮は綿毛のような白かびに覆われ、部分的に赤褐色をしている。

中身はなめらかで弾力があり、クリーミー。味わいはバターのように濃厚で、コクがある。

カプリス・デ・ディユーとはフランス語では"神様の気まぐれ"という意味。可愛い名前で人気がある。

data

産地　フランス
原料乳　牛乳
形状　楕円状（長径10～14cm、短径6～8cm、高さ3.5cm、重さ135g）
MG　60%以上

クータンセ
Coutances

熟成するとマッシュルームのような香り

フランス、ノルマンディ地方の良質な牛乳から作られる。

背の高い円筒状をしており、表面は緻密で厚い白かびに覆われている。中身は、若いうちはクリーム色。熟成が進むと黄色みを帯びる。

味わいはマイルド。若いうちはわずかに酸味がある。熟成が進むと、とろりとして、マッシュルームのような香りが生まれ、ややくせのある味わいとなる。熟成の進みすぎたものは苦みもいくらか感じられる。

脂肪分含有率が60%のダブルクリームである。

data

産地　フランス
原料乳　牛乳
形状　円筒状（直径約7.5cm、高さ6cm、重さ200g）
MG　60%

Saint-André
サン=タンドレ

バターのように濃厚な味わい

アメリカへの輸出用に開発されたチーズで、歴史的にはまだ浅い。

牛乳に生クリームを添加して作り、脂肪分含有率が75％以上のトリプルクリームである。

表皮は厚い白かびに覆われ、中身は黄色みを帯びた濃いクリーム色をしている。

味わいは、バターのように濃厚で、コクがある。口の中でとろりと溶けていく感触もバターとよく似ている。若いうちは軽い酸味が感じられるが、熟成が進むと酸味が抜けて、まろやかになる。

data

産地　フランス
原料乳　牛乳
形状　円筒状（直径5cm、高さ5cm、重さ200g）
MG　75％以上

ウォッシュタイプ

表皮には、くせの強い香りがありますが、
中身は意外と穏やかでクリーミーな味わいです。
個性的な香りに慣れると、この上ない美味に思えてきます。

地酒などで洗いながら仕上げる食通好みのチーズ

ウォッシュタイプというのは、熟成中に表面にできる粘質物を新しいチーズの表面に植えつけて菌を繁殖させ、熟成させるタイプのチーズです。

この粘質物は、「リネンス菌」「赤の酵素」と呼ばれ、チーズの熟成を促す働きがありますが、過剰に繁殖させると強烈な腐敗臭を招くうえ、チーズを乾燥させてしまいます。そのため、熟成期間中は、塩水や地酒などで表面を洗う作業を繰り返します。

ウォッシュと呼ばれるのも、こうした工程から名づけられたものですが、表面を洗う作業は、粘質物を調整するというだけでなく、チーズに湿り気を与えて乾燥を防ぎ、同時に独特の風味をつけるという効果もあります。

このタイプのチーズは、表皮に古漬けやくさやを思わせるくせの強い香りがあるため、敬遠されがちですが、中身は意外とマイルドです。なかでも、フランスのポン＝レヴェックやピエ・ダングロワなどは比較的穏やかな風味で、初めての人でも抵抗なく食べられます。くせの強いものとしては、同じくフランスのエポワス・ド・ブルゴーニュやマロワルなどがありますが、ウォッシュタイプに慣れた人には、むしろ、こちらのほうが好まれます。

原料乳は牛乳で、一部のチーズを除いてほぼ1年中作られますが、春から初夏にかけての若草や花秋の二番草を食んだ牛の乳から作ったチーズは、特別においしいものです。

熟成期間はチーズによって若干異なり、どの段階を食べごろとするかは各人の好みですが、一般的な目安としては次のとおりです。

●製造後1～2か月（やや若め）
ウォッシュタイプ特有の香りはまだそれほど強くなく、ミルクの甘みを素直に楽しめる。

●製造後2～4か月（適熟）
表皮に強い香りが現れる。中身はとろけるようにやわらかくなり、濃厚なミルクの甘みとコクが楽しめる。

●製造後4か月以上（過熟）
アンモニア臭が出始め、舌をピリッと刺す強い風味とえぐみ、苦みがあらわれる。

Pont-l'Evêque

ポン＝レヴェック（AOC）

マイルドで、はしばみを思わせるコクのある風味

原産地はフランス北部、ノルマンディ地方、ポン＝レヴェック村。

12世紀の初期、この地方の修道院で作られるチーズは総称して「アンジェロ」と呼ばれていたが、ポン＝レヴェックもリヴァロなどとともに、アンジェロのひとつであった。その後、各村ごとに個性的なチーズへと発展したことから、16世紀、それぞれのチーズに発祥地の村名がつけられるようになり、名前を区別して呼ばれるようになった。

原料は牛乳。熟成期間は2～6週間。形は、一辺が約11センチ、高さ3センチの角盤形。

表皮は、リネンス菌を植えつけた後、塩水で洗って熟成させたものと、乾燥した状態で熟成させたものがある。

前者の表面は湿って黄金色をしている（熟成が進むとオレンジがかった黄色になる）が、後者は白く粉を吹いたように乾いている。

いずれも、わらの上で熟成させるため、その跡が筋状に残っている。

若いうちは内部全体に小さな気孔が見られるが、熟成が進むにつれて徐々に消え、非常にクリーミーになる。

塩水で洗って仕上げるタイプは、表面に漬物に似た強い香りがあるが、中身にはほとんどくせがない。軽い酸味と甘みがあつり、ねっとりとして、口当たりは穏やかである。

ほどよく熟したものは、こなれた塩味と、はしばみを彷彿とさせるコクがあるが、熟しすぎると苦みを帯びることもある。

1年中食べられるが、旬は秋～冬にかけて。皮は厚いので、はずして食べたほうがよい。

シェリーやコクのある赤ワインと相性がよい。また、ポン＝レヴェックと同じノルマンディ地方名産のりんご酒、シードル（微発泡酒）やカルヴァドス（ブランデー）とともに楽しむのもよい。

data

産地　フランス
原料乳　牛乳
形状　角盤状（一辺10.5～11cm、高さ約3cm、重さ350～400g／ほかにプティ、ドゥミ、グランの3種の型がある）
MG　45％以上
AOC取得　1976年5月

上の写真は乾燥させた状態で熟成させたもの。

写真下は熟成が進んで食べごろの状態。

Munster

マンステール（AOC）

アルザス産の白ワインとともに楽しみたい

原産地はフランスのアルザス・ロレーヌ地方。ロレーヌ地方では「ジェロメ」と呼ばれている。

マンステールの名は、7世紀、マンステール修道院（＝モナステール）の修道士が作っていた起源による。

農家製では生乳、酪農場製では殺菌乳を使用。

農家製のマンステールは、ヴォージュ山地の山頂にある高地牧場で夏期に作られる。作り方は、地域によって違いがあり、朝の搾りたての乳と、前日の夕方に搾った乳を混ぜ合わせて1日に1回作る方法と、同日の朝と夕方に、それぞれ搾りたての乳を使って1日2回作る方法がある。

いずれも、乳を30℃前後に温めて凝乳剤を入れ、固まったら粗く粉砕して型詰めする。何度も型を反転させる作業を繰り返しながら脱水した後、全体に手で塩をぬり、熟成させる。

熟成期間は3週間以上（通常2～3か月）。プティ・マンステールは2週間以上。熟成中、塩水に浸けた布巾で表皮を軽くこする。

こうした作業を繰り返し、熟成が進むと、表皮はブロンドからオレンジ色に、中身は濃い麦わら色から黄金色に変わり、個性の強い香りと、深いコクが生まれる。舌触りも大変なめらかである。

1年中食べられるが、農家製は、夏～秋にかけてが食べごろ。地元では、皮つきのゆでたじゃがいもといっしょに食べるのが一般的。消化を助ける働きがあるということから、クミンを添えて食べることもあるが、これは味覚的にも相性がよい。

ワインはマンステールと同じアルザス産の華やかな香りの白、「リースリング」や「ゲヴュルツトラミネール」「トケイ」との相性が抜群である。

農家製は通常、直径13～19センチの円盤状をしているが、日本には直径7～12センチほどのプティ・マンステール（工場製が多く輸入されている。

data

産地	フランス
原料乳	牛乳
形状	円盤状（直径13～19cm、高さ2.4～8cm、重さ450g以上／プティ・マンステールは直径7～12cm、高さ2～6cm、重さ120g以上）
MG	45%以上
AOC取得	1978年5月

写真左上、右上、左ともにプティ・マンステール。

キャラウェイをのせてもよく合う。

写真下は農家製のもの。

Livarot
リヴァロ（AOC）

側面に巻かれた5本のレーシュが目印

原産地はフランス、ノルマンディ地方。側面にレーシュと呼ばれる葦《あし》の一種で作られたひもが5列巻かれているのが特徴。これは本来、背が高く大型だったリヴァロの形崩れを防ぐためだったが、近年では、プティ・リヴァロなど小型のものにも装飾として施され、レーシュのひももオレンジ色の紙テープを代用することが多くなった。

原料は牛の生乳か殺菌乳。熟成は3週間以上。一般に2か月ごろが食べごろといわれている。

外皮は塩水で洗われるため、湿り気と粘り気があり、褐色がかったオレンジ色をしている。

中身は、若いうちは中心に芯があり、多少弾力があるが、熟成が進むにつれてやわらかくなり、強い風味を持つようになる。

シードル、カルヴァドス、しっかりとしたフルボディの赤ワインとの相性がよい。

data

産地　フランス
原料乳　牛乳
形状　円盤状（直径 12cm 以上、高さ 4 ～ 5cm、重さ約 450g側面に 3 ～ 5 本のひもが巻いてある）小型はトロワ・カールリヴァロ（直径 10.6cm 以上）、プティ・リヴァロ（直径 9cm 以上）、カール・リヴァロ（直径 7cm 以上）の 3 種類ある
MG　40% 以上
AOC 取得　1975 年 12 月

Maroilles

マロワール（AOC）

1000年以上の歴史を持つ個性あふれるチーズ

原産地はフランス北部の町、マロワール。962年、マロワール修道院の修道僧によって作られたのが起源といわれる。

原料は牛の生乳または殺菌乳。熟成期間は最低5週間（通常2～4か月）。その間に、表面を何度も塩水で洗う。

形状はポン＝レヴェックに似ているが、表皮の色がオレンジ色で、熟成が進むにつれて赤みを増していくのが特徴。ところどころに白い粒が見られるが、これはマロワールに特有の赤い色素と風味をもたらすバクテリアである。

中身はやわらかく、かなり個性的な強い香りがあるものの、味わいはまろやかで、こなれた塩味とコク、あと味の余韻には豊潤なミルクの甘みが感じられる。旬は夏～冬にかけて。

ワインは、しっかりとしたフルボディの赤が合う。

data

産地　フランス
原料乳　牛乳
形状　角盤状（一辺12.5～13cm、通常は高さ6cm、重さ約700g／ほかにソルベ、ミニョン、カールと呼ばれる3種類の小型がある）
MG　45%以上
AOC取得　1976年5月

Vacherin-Mont-d'Or

ヴァシュラン＝モン＝ドール（AOC）

晩秋から冬にかけての季節限定チーズ

ヴァシュランには多くの種類があるが、モン・ドールはフランスのフランシュ・コンテ地方、ジュラ山脈のモン・ドールの渓谷を中心に作られる。

原料は牛の生乳。特徴は、エピセア（樅《もみ》の木の一種）の樹皮を周りに巻いて固定させ、エピセアの木箱に入れて熟成させること。塩水を含ませた布でふいて反転させ、外皮が赤褐色になるまで熟成させる。

製造期間は8月15日～翌年3月31日。熟成期間は6～7週間で、9月半ば～翌年4月まで店頭に並ぶ。中身は非常にやわらかく、切ると流れ出すので、表皮を除いてスプーンですくって食べる。濃厚なミルクの香りの中にエピセアの芳香を有する。

残ったときは、白ワインをふりかけて（好みでにんにくのみじん切りとパン粉もふって）、オーヴンで焼くとよい。

data

産地　フランス
原料乳　牛乳
形状　円盤状（直径12～30cm、高さ4～5cm、重さ700g～2.5kg）
MG　45％以上
AOC取得　1981年3月

※AOCはモン＝ドールだが、ヴァシュラン＝モン＝ドールが一般的なため、この名とした。

Epoisses de Bourgogne

エポワス・ド・ブルゴーニュ(AOC)

〝チーズの王様〟と称賛される食通好みの逸品

原産地はフランス、ブルゴーニュ地方、コート・ドール県のエポワス村とその近郊。

原料は牛乳。最初は水または塩水で、仕上げは白ワインにマール（＝ぶどうの搾りかすから作られたブランデー）を加えたもので表皮を洗いながら熟成させる。熟成期間は4週間以上。

表皮はやわらかく、湿っていて、しわがある。若いうちはオレンジ色をしているが、熟成が進むにつれて赤みを増す。中身は明るい麦わら色。熟成が進むととろけるようにやわらかくなり、ウォッシュタイプ特有の強い香りにマールの香りが伴って強烈な個性を発揮する。

フランスの高名な美食家、ブリヤ＝サヴァラン（1755～1826）が「チーズの王様」と称賛したことでも知られる。夏は若いうちに、冬は熟成させてから食べるとよい。

data

産地	フランス
原料乳	牛乳
形状	円盤状(小=直径9.5～11.5cm、高さ3～4.5cm、重さ250～350g／大=直径16.5～19cm、高さ3～4.5cm、重さ700～1100g)
MG	50％以上
AOC取得	1991年5月

Langres
ラングル（AOC）

シャンパーニュ地方名産のウォッシュタイプ

原産地はフランス、シャンパーニュ地方。原料は牛乳。熟成は大型が3週間以上、小型が2週間以上（通常5〜6週間）。

特徴は上面に「フォンテーヌ（泉）」と呼ばれるくぼみがあること。これは、表面を塩水で洗いながら熟成させる際、反転させないために、チーズ自体の重みで自然に陥没したもの。熟成が進むほどくぼみは深くなる。

表面は湿り気があり、熟成が進むにつれて黄色からオレンジ色になる（ベニの木からとったロクーという染料を使うこともある）。中身は白〜ベージュ。きめが細かく、ねっとりとして、香りはかなり個性的で強い。

1年中あるが、旬は春の終わり〜秋。土地の愛好家は、くぼみにマール・ド・ブルゴーニュ（ぶどうの搾りかすから作ったブランデー）やシャンパーニュを注ぎ、熟成を楽しむという。

data

産地　フランス
原料乳　牛乳
形状　円筒状。上面に深さ5mm以上のくぼみ。大小ある（大＝直径16〜20cm、高さ5〜7cm、重さ800g以上／小＝直径7.5〜9cm、高さ4〜6cm、重さ150g以上）
MG　50％以上
AOC取得　1991年5月

L'ami du Chambertin

ラミ・デュ・シャンベルタン

赤ワインとの相性がよい食通好みの深い味わい

原産地はフランスのブルゴーニュ地方、ジュヴレー・シャンベルタン村。

原料乳は牛乳。熟成期間は1か月以上。表面を塩水で洗いながら熟成させるが、仕上げはエポワス同様、塩水にマール・ド・ブルゴーニュ（ぶどうの搾りかすから作ったブランデー）を加えたもので洗う。

表面は茶色がかったオレンジ色。粘り気と湿り気がある。中身は淡黄色。熟成が進むと流れるほどやわらかくなり、個性の強い独特の香りを放つ。1年中食べられるが、秋～冬にかけてが最も美味。

名前は、ナポレオンがこよなく愛した銘酒「シャンベルタン」にちなんだもので、アミ（ami）は友の意。この名のとおり、ワインは、コクのある赤ワイン、とりわけジュヴレー・シャンベルタンが最適といわれている。

data

産地　フランス
原料乳　牛乳
形状　円盤状（直径約9cm、高さ約4cm、重さ約250g）
MG　50%

アフィネ・オ・シャブリ

Affiné au Chablis

ブルゴーニュの銘酒シャブリで洗って熟成させる

フランス、ブルゴーニュ地方で作られる。

原料は牛乳。表面にリネンス菌を植えつけたあと、ブルゴーニュを代表する白ワイン「シャブリ」で洗いながらアフィネ（フランス語で熟成の意）させることからこの名がついた。熟成期間は1か月以上。

表面は黄金色～オレンジ色で、湿り気と粘り気がある。若いうちは締まっていて、豊潤なミルクの香りと風味が残っているが、熟成が進むと、くさやの干物や古漬けを思わせる強烈な香りを放つようになる。

熟成は外から内に向かって進むが、シャブリは酸が強いため、中心部分まで熟成することなく中心に淡黄色をした芯が残る。

一見、ラミ・デュ・シャンベルタンに似ているが、それよりもくせが少ない。旬は秋～冬にかけて。

data

産地　フランス
原料乳　牛乳
形状　円盤状（直径約9cm、高さ約4cm、重さ約250g）
MG　50%

Taleggio
タレッジョ

ウォッシュタイプ特有のくせがない穏やかな味

第一次世界大戦後、イタリア、ロンバルディア州、タレッジョ渓谷で初めに作られたことからこの名となった。現在は、ミラノ北部のポー河流域全体で作られている。

原料は牛乳。表面に塩をまぶしつけ、山の自然の風を利用した洞窟の中で熟成させる。熟成期間は約40日。その間に、表面についた青かびを手で拭っては塩水で洗う作業を何度も繰り返す。

表皮は淡黄色～褐色。上面にはCTTの文字が見られる。身は初め乳白色だが、熟成が進むにつれて麦わら色になる。味わいはクリーミーで、ウォッシュタイプ特有の強い風味はほとんど感じられない。軽い酸味があり、フルーティーと評される上品な味わいを持つ。ワインを合わせるなら赤がよい。旬は春～秋にかけて。

data

産地　イタリア
原料乳　牛乳
形状　角盤状（一辺約20cm、高さ約5cm、重さ約2kg）
MG　48%

ショーム Chaumes

マイルドでやさしい味わいのウォッシュタイプ

1972年に開発されたチーズで、フランス南西部のアキテーヌ地方（首都はボルドー）で作られている。ショームは大手チーズメーカーショーム社の商標である。

原料は牛の殺菌乳。熟成期間は3～4週間で、その間何度も表皮を洗って仕上げる。

表皮は鮮やかなオレンジ色。中身は半硬質で乳白色。ウォッシュタイプ特有の強い香りはほとんどなく、ミルキーなやさしい風味が楽しめる。マイルドな味わいなので、くせの強いチーズに慣れない人にも好まれる。

data

産地　フランス
原料乳　牛乳
形状　円盤状（直径20～23cm、高さ約4cm、重さ約2kg）
MG　50%

ピエ・ダングロワ Pié d'Angloys

くせのないクリーミーな味わい

フランス、ブルゴーニュ地方北部、ヨンヌ県で作られる。原料は牛乳。表面を塩水で洗ったあと、清水で洗い直して熟成させるため、ほかのウォッシュタイプに比べると風味は穏やか。

表皮は淡黄色で乾いていて、表皮にも強い香りはないので、除いて食べる必要はない。

中身はクリーミーで、ほのかにバターのような香りが感じられる。脂肪分含有率は62％と高く、コクがある。

ワインはボージョレのようにフルーティーで軽めのタイプが合う。赤白ともに相性はよい。

data

産地　フランス
原料乳　牛乳
形状　円盤状（直径約9cm、高さ約3cm、重さ約200g）
MG　62%

Rouy
ルイ
個性的な味わいはウォッシュタイプの愛好家向き

フランス、ブルゴーニュ地方産。原料乳は牛乳。角が少し丸みを帯びた角盤状をしている。

表皮は、ベニという木の実からとった自然の染料〝アナトー〟で着色(殺菌効果もある)したオレンジ色。しっとりと湿り気があり、ややくせの強い香りを放つ。

中身はねっとりとして、熟成が進むにつれて心地よい苦みとナッツを思わせるコクが増してくる。ウォッシュタイプを食べ慣れた人に好まれるしっかりとした個性的な風味を有する。ワインは、コクのある赤が合う。

data

産地　デンマーク、ギリシャなど
原料乳　牛乳(羊乳製もある)
形状　多くは角盤状(一定してない)
MG　40%(牛乳)、50%(羊乳)

Dauphin
ドーファン
マロワールに香草とスパイスで香りづけ

熟成前のマロワール(137ページ参照)に、パセリ、エストラゴン、胡椒、クローヴで味をつけたもの。

熟成期間は2~4か月。中身はやわらかく、ウォッシュタイプ特有のくせがある。

ドーファンとは、フランス語で「王太子」または「イルカ」という意味。これは、ルイ14世が世継ぎの王子を伴ってこのチーズの産地を訪れた際、お気に召したという由来による。

形は、イルカの形をしたもののほか、三日月形と直方体をしたものがある。

data

産地　フランス
原料乳　牛乳
形状　イルカ形、三日月状、直方体(それぞれ高さは5cm以内、重さ300~500g)
MG　45%

シェーヴルタイプ

山羊乳はコクがあり、牛乳とはまったく異なる香りを持ちます。
若いうちは、新鮮な乳と軽い酸味がありますが、
熟成が進むと、コクの深い味わいになります。

おいしい旬は、復活祭から万聖節まで

シェーヴルタイプとは、山羊乳で作るチーズの総称。この中にはフレッシュなものから熟成させたものまでさまざまあります。

製法は、いずれの種類も、まず山羊乳に乳酸菌と微量の凝乳酵素を加えて凝固させ、型詰めした後、乳清（ホエー）を抜くところから始まります。この状態のものが「シェーヴル・フレ」と呼ばれるもので、いわば、山羊乳製のフロマージュ・ブラン。これを乾燥、熟成させていきます。

昨今、大手の工場では、1年を通して製造していますが、山羊乳は本来、春の出産期から秋に身ごもるまでの間しか搾乳できないので、昔ながらの方法でチーズ作りをしている農家では、今も春から秋にしか製造していません。

フランスでは、シェーヴルの旬を「復活祭（春分後最初の満月のあとの日曜日）から万聖節（11月1日）まで」といいますが、とりわけ、春から夏にかけての青々とした草を食む山羊の乳は、風味が優れ、おいしいチーズになります。

味わいは、牛乳製とはまったく異なる独特の風味を持っています。これは、山羊乳にカプリン酸、カプロン酸という脂肪酸が含まれているためで、その風味は熟成の度合いによって少しずつ変化します。

熟成加減は好みですが、徐々に変わっていく風味を楽しむことができるのもシェーヴルの魅力といえます。熟成と風味の変化の目安は次のとおりです。

●製造後2週間以内（フレッシュ）

「シェーヴル・フレ」と呼ばれる。水分が多く、山羊乳そのものの香りが楽しめる。

●製造後3〜6週間目（やや若い）

ミルクの香りの中に軽い酸味が感じられる。くせが少なく、マイルドな味わい。

●製造後7〜11週間目（適熟）

ミルクの香りは少なくなり、山羊乳独特の芳香と酸味が凝縮されて、コクが出る。中身は水分が抜けて締まり、表皮は自然に発生する白かびで覆われる。

●製造後12〜14週間目（完熟）

水分はさらに抜け、ぽろぽろと崩れる硬さになる。山羊乳の香りはかなり強く感じられる。

Valencay
ヴァランセ（AOC）

美しきロワールの古城の名を冠したチーズ

原産地はフランスのベリー地方。ヴァランセの名は、ナポレオン時代の外相、タレーランの城の名をとったもの。

形はプリニー＝サン＝ピエールの上面積を大きくしたよう。伝説によると、元はピラミッドの形をしていたものを、エジプト遠征に失敗したナポレオンがその帰途寄ったヴァランセ城でこのチーズを見るなり、「ピラミッドを連想させる」と腹を立て、上部を切り取らせたという。

熟成は約3週間。熟成に必要なかびを呼ぶため、表面に炭灰をまぶすこともある。それらは初め黒色だが、熟成が進むにつれて白かびで覆われ、グレーがかった色になる。

中身は純白で、若いうちは、やわらかく、締まっているが、徐々にねっとりとしてくる。

味わいは、酸味が比較的穏やかで、さわやかな印象。

data

産地　フランス
原料乳　山羊乳
形状　角錐台状（底面の一辺6〜7cm、上面の一辺3.5〜4cm、高さ6〜7cm、重さ200〜250g）
MG　45％以上
AOC取得　1998年7月

世界のチーズ

“オランダ”

江戸時代に日本に入ってきたのはエダムチーズ

オランダでチーズ作りが始まったのは4世紀ごろ。しかし、このころはまだ水害が多く、人々は安全を求めてより高い土地へ家畜をともなって移動するという不安定な生活を送っていたため、本格的なチーズ作りは行われていませんでした。

それが、ようやく干拓地を増やし、堤防を築いて長期間の放牧に耐えられる国土を作り上げたのが12〜13世紀。酪農業が発展し始めたのは13〜14世紀のことです。「世界は神によって造られ、オランダはオランダ人によって造られた」といわれるくらいに自らの手で開墾した牧草地だけに、オランダの人々のチーズに対する情熱は並々ならぬものがあります。

その最たる例がCOZ（乳製品品質管理中央協会）と呼ばれる半官半民の機関です。オランダチーズの品質はすべて、この官民一体となった機関によってチェックされ、一定の基準に合ったものだけが認定書を受けられます。

オランダを代表するチーズといえば、ゴーダとエダムが有名です。どちらも日本でまだ外国産のナチュラルチーズが珍しかったころから売られていますが、歴史をひもとけば、はるか昔の17世紀にも、長崎の出島を通じてゴーダが江戸幕府に献納されたという記録が残されています。

このように、早くから運河が発達していたオランダでは、遠い時代からチーズを輸出していますが、その始まりは14世紀にまで遡り、今日でも世界50か国以上に輸出する世界有数のチーズ輸出国として知られています。

同国内には１８０種類余りのチーズがあるといわれていますが、日本には数少ない種類しか入ってきてません。残念といえば残念ですが、それだけにオランダを旅する機会に恵まれたとき、日本では味わうことのできないおいしさに出会うチャンスも多いというものです。

Crottin de Chavignol
クロタン・ド・シャヴィニョル（AOC）

熟成度合いによって異なる風味を楽しむ

クロタンとは、フランス語で「馬糞」のこと。このチーズが十分に熟成したときの外観がそれに似ていることからこの名がついた。

熟成は通常2週間～1か月、産地では4か月ほど熟成させることもある。中身は粉質で目が詰まり、なめらか。熟成が若いうちはやわらかいが、熟成が進むとくだけるほどの硬さになる。

外観は、粉を吹いたような皮ができあがり、若いうちはアイヴォリー色だが、熟成が進むと赤褐色や灰色を帯びる。味わいは、シェーヴル特有の風味と酸味、そしてやや強い塩味があり、熟成が進むほどにコクが増してくる。

オーヴンで軽く焼くとひと味違った味わいが楽しめ、熱々のクロタンをサラダ仕立てにした料理（50ページ参照）は気のきいた一品である。

ワインは、熟成の若いものは酸味のある白、特に、このチーズと同じ産地「サンセール」との相性が抜群である。

data

産地	フランス
原料乳	山羊乳
形状	太鼓状（直径4～5cm、高さ3～4cm、重さ60～110g）
MG	45％以上
AOC取得	1976年2月

Pouligny-Saint-Pierre

プリニー＝サン＝ピエール（AOC）

ニックネームは〝エッフェル塔〟

1976年にAOCを取得。フランス、ベリー地方の限られた村で作られている。スリムなピラミッド形をしていることからエッフェル塔とも呼ばれる。

熟成期間は約4週間。熟成2週間ぐらいの若いものは非常にやわらかく、軽く触れただけでも跡がつく。このころは水分もまだ多く、表面はかなり湿った感じで、色はアイヴォリー。

これが1週間、2週間と時間が経つうちに、水分が飛び、表面も乾燥して引き締まってくる。このころには、表面には自然のかびが発育し、全体に黄褐色を呈し、ところどころ青かびも見られるようになる。

中身は、純白で目が詰まっている。味わいは、酸味がやや強いものの、あとに山羊乳特有の香りが心地よく広がる。

愛好家の好む食べ方として、プラタナスの葉にはさんで壺の中に入れ、マール（ぶどうの搾りかすから作られるブランデー）を少量加えて熟成させるという方法がある。

data

産地　フランス
原料乳　山羊乳
形状　ピラミッド状（底部は一辺6.5cm以上。上部は2.5cm以下。高さと重さの規定はないが、通常8～9cm、重さは約250g）
MG　45％以上
AOC取得　1976年5月

Selles-sur-Cher

セル＝シュル＝シェール（AOC）

表面にブルー・グレーのかびが広がるころが適熟

原産地はフランスのベリー地方。ロワール河と支流のシェール河に挟まれたセル＝シュル＝シェール村で作られている。

周りが斜断面になった平らな円盤形で、ポプラの炭灰98％、塩2％の割合で混ぜたものをまぶして熟成させている。

熟成は約3週間。表面にブルー・グレーのかびが広がり、かさかさと乾いた感触になれば食べごろである。

中身は、表面が乾いた状態になってもしっとりしていて、きめが細かい。味わいは、酸味が軽く、ほのかに甘みがある。口当たりは、なめらかながら、湿った粘土のような重みがあり、口の中でゆっくりと溶けていく感じである。ときに塩のききすぎたものもあるが、通常は山羊乳特有のコクと酸味、甘みを引き立てるのに適度な塩気があり美味である。

data

産地　フランス
原料乳　山羊乳
形状　円錐台状（底の直径約8cm、上部の直径約7cm、高さ2〜3cm、重さ約150g）
MG　45％以上
AOC取得　1975年4月

Picodon de l'Aardéche

ピコドン・ド・ラルデシュ（AOC）

風味豊かで、焼き栗のような口当たり

　ピコドンの産地は、フランスの中央部から東寄りを南に向かって流れるローヌ河の流域。ただし、AOCを持つのは、アルデシュ県とドローム県で作られるものに限られる。

　ピコドンの名は、フランス語で「辛《から》い」を意味する「ピカン」の方言「ピカドン」から来ており、熟成が進むと舌をピリッと刺激する辛さが生まれることから付いたという。

　中身は、均質できめが細かく、若いうちはやわらかいが、熟成が進むと崩れる硬さになる。

　味わいは濃厚で、ロワール地方のシェーヴルよりもミルクの風味が豊かといわれる。熟成2～3週間のものは、山羊乳チーズ特有の酸味とほのかな甘み、塩味のバランスがよく、口当たりは、ほっくりとした焼き栗を思わせる。熟成が進むと、前述のとおり、ピリッとした刺激が生まれるが、味わいも深みを増し、熟成の若いものとはひと味違った美味しさを楽しむことできる。

　農家製は、春～秋にかけてが味がよい。

data

産地	フランス
原料乳	山羊乳
形状	円盤状（直径5～8cm、高さ1～3cm、重さ50～100g）
MG	45％以上
AOC取得	1983年7月

Sainte-Maure de Touraine
サント＝モール・ド・トゥーレーヌ（AOC）

サント＝モール台地で育まれた魅惑のシェーヴル

棒状で、中心に麦わらが一本通っている。太さは均一ではなく、一方の端が少し細くなっているのが特徴。これは、組織がもろいシェーヴルを崩さずに型を抜くための工夫。中心の麦わらも、チーズが崩れるのを防ぐ。

そして、この麦わらは、チーズの中に空気を送る役目も果たしている。シェーヴルは、牛や水牛のチーズに比べると熟成の適性湿度が低いため、麦わらを通し風通しをよくするのである（AOCの規定では、わらの使用は義務づけられていない）。

全体に炭灰がまぶしてあるが（白かびを植えつけたものもあるがAOCではない）、これは山羊乳特有の酸味を和らげ、熟成に必要なかびを呼ぶためにつけられたもの。以前はぶどうの葉を燃やした灰を使ったが、今はポプラの木の炭灰がほとんど。

中身はきめ細やかで、やわらかく、もろもろとした口当たり。若いうちはさわやかな酸味をもつが、熟成が進むと酸味が和らぎ、ミルクのコクが出る。

data

産地　フランス
原料乳　山羊乳
形状　一方の端が少しつぼまった棒状（直径4～5cmと3～4cm、長さ14～16cm、重さ約250g）
MG　45％以上
AOC取得　1990年6月

サント＝モールには白かびを植えつけたタイプも（ただし、これはAOCではない）。

Chabichou du Poitou
シャビシュー・デュ・ポワトゥ（AOC）

樽栓状の形が特徴的

原産地はフランスの大西洋側に位置するポワトゥ地方。ここは8世紀初頭、アラビアから来たサラセン軍をフランス軍が迎え撃った地。生き残ったサラセン人たちがここで山羊を飼い、チーズを作り始めたのがシャビシューの起源であるといわれているが、実際にはそれ以前からこの地に住む人々が作っていたという説もある。

かつてはさまざまな形態で作られていたが、１９９０年にＡＯＣに指定されて以来、伝統的な形に統一されるようになった。

表皮は、若いうちは薄く、クリーム色をしているが、熟成が進むと、自然発生する白や青のかびで覆われるようになる。中身は、若いうちは純白できめ細かくやわらかいが、熟成が進むとぽろぽろと崩れる硬さになる。

data

産地　フランス
原料乳　山羊乳
形状　ボンド（樽栓）と呼ばれる円錐台状。底の直径約6cm、上部の直径約5cm、高さ約6cm、重さ100〜150g
MG　45%
AOC取得　1990年6月

Rocamadour
ロカマドゥール（AOC）

その名は「小さなシェーヴル（山羊）」の意

もともと、カベクー・ド・ロカマドゥールと呼ばれていたチーズで、カベクーとは、オック語（中世プロヴァンス語）で「小さなシェーヴル（チーズ）」の意味。

フランスのミディ＝ピレネー地方（スペインとの国境寄り）、ロカマドゥール村で作られているほか、グラマ村やカオール村でも作られている。

フレッシュなものから、1か月程度熟成させたものまであり、外観は、若いうちは白色～クリーム色。熟成が進むと表皮に自然のかびがつくようになる。中身は、熟成の度合いによりやわらかいものから硬いものまであるが、石のように硬くなったものは「ピカドゥ」と呼ばれる。

舌をピリッと刺すような刺激があるが、風味は豊かで良好である。旬は春～秋。山羊乳の少ない時期は牛乳や羊乳を混ぜることもある。

data

産地　フランス
原料乳　山羊乳（山羊乳に牛乳や羊乳を混ぜることもある）
形状　円盤状（直径4～5cm、高さ1～1.5cm、重さ30～40g）
MG　45%
AOC取得　1996年1月

Pélardon
ペラルドン

優しい味わいが魅力的

ペラルドンとは、南フランスのラングドック地方、ルシヨン地方で作られる小型のシェーヴルチーズの総称。山羊を意味するこの地方の言葉がそのまま名前になったといわれている。

ペラルドンの中でも、ペラルドン・デ・セヴェンヌ、ペラルドン・ダンドゥーズは特に有名である。

熟成は1週間から2～3週間。地元の農家では白ワインに浸けて熟成保存することもある。

薄い外皮に包まれた中身は、目が詰まっていて、やわらかい。AOCを持つピコドンによく似ていて混同されやすいが、ペラルドンのほうがやや大きめで、やわらかい。

味わいは、塩味と酸味とのバランスがよく、ほかのシェーヴルに比べると、山羊乳特有の香りは強くない。また、熟成するにしたがって、はしばみに似た風味を持つようになり、一段とコクが増す。

ワインは、辛口の白、香りの強い赤のいずれにも合う。

data

産地　フランス
原料乳　山羊乳
形状　円盤状（直径6～7cm、高さ2～3cm、重さ60～100g）
MG　45％

シェーヴルにはなぜ木炭粉がまぶしてあるのか？

真っ白なチーズに真っ黒な粉がついていると、食べてよいやら悪いのやらとまどってしまいますが、粉の正体はポプラの木などを燃やして作る木炭粉。食べても害はないので、あえて取り除く必要はありません。

これは、もともと虫よけのためにつけられていたようですが、後に木炭粉には酸を中和させる効果があるとわかったことから、シェーヴルのやや強い酸味を和らげる目的でも、利用されるようになりました。

そして、木炭粉のもうひとつの効果が脱水です。シェーヴルタイプのチーズは、カード（凝乳）の脱水を自然にまかせ（＝穴のあいた型にカードを入れ、自然にホエーが流れ出るようにする）、カードの切断、加熱、圧搾等による脱水を行わないため、型からはずした段階では、まだかなりのホエーを含んでいます。

これを熟成庫の中でゆっくりと乾燥、熟成させていくわけですが、このとき木炭粉と塩を混ぜ合わせたものをまぶしておくと、脱水と熟成に必要なかびを呼ぶというふたつの働きを発揮するのです。

ただし、木炭粉はすべてのシェーヴルチーズに利用されるわけではありません。型からはずしたあと、塩をまぶしただけの状態で熟成させるものもあれば、白かびを植えて熟成させるものもあります。

たとえば、ヴァランセやサント＝モールには木炭粉をつけたもの（フランス語でサンドレという）とつけていないものがありますが、クロタン・ド・シャヴィニョルやプリニー・サン＝ピエールにサンドレタイプはありません。

Rigotte
リゴット

再び火を通すという名を持つ

フランスのリヨネ地方で作られる。リゴットの名はイタリア語のリコッタまたはフランス語のルキュイット（どちらも再び火を通したの意）に由来する。

data

産地	フランス
原料乳	牛乳、山羊乳
形状	円筒状または円盤状
MG	40〜50%

かつては、リコッタのようにほかのチーズを作る過程で発生する乳清（＝ホエー）を再利用していたが、現在は牛乳（まれに山羊乳）から作られる。

リゴット・ド・コンドリュー、リゴット・デザルプなど、作られた土地の名を冠した名称があり、個性もそれぞれ異なり、ワインに浸けたものや香草入りのものもある。

Chevridor Olive
シェヴリドール・オリーヴ

シェーヴル＆オリーヴの豊かな味わい

オリーヴの名産地でもある南仏プロヴァンスで作られている。熟成前のフレッシュなシェーヴルにクリームを加え、塩漬けにしたオリーヴのみじん切りを混ぜ込んだもの。表面に丸のままのオリーヴがついているのが印象的である。

風味は濃厚でシェーヴル特有の酸味が心地よく、オリーヴが美味しさを添えている。

ワインは、辛口の白かロゼ、またはフルーティーな赤と合う。手をかけずとも、そのままでも十分しゃれたオードヴルになるのがうれしい。

data

産地	フランス
原料乳	山羊乳
形状	円盤状（直径17cm、高さ6.5cm、重さ1.6kg）
MG	70%以上

ヴァランセ。写真はまだ若く、とてもクリーミーである。

青かびタイプ

特有の香りとピリッと舌を刺す刺激的な風味。
初めは苦手と思っていても、慣れると濃厚な風味のとりこに。
ワインは、赤または貴腐ワインがよく合います。

特有の芳香と舌を刺すシャープな風味が魅力

青かびタイプのチーズは、ブルーチーズとも呼ばれています。これは、凝乳（カード）に青かびスターターをまぶして形を作り、熟成させたもの。内部に青かびを繁殖させることによって、たんぱく質や脂肪を分解し、熟成させていきます。

白かびが外側から内側に向かって発育するのに対して、青かびは内側から外側に向かって発育する性質をもっています。

したがって、このタイプのチーズは、青かびスターターをまぶした凝乳（カード）を型詰めした後、青かびを繁殖させるために必要な空気を取り込むため、小さな隙間ができるように形作ったり、針でチーズに穴を開けたりして通気性をよくします。

原料乳は主に牛乳ですが、フランスのロックフォールのように、羊乳を使用したものもあります。

味わいは、原料乳の種類や固形分中の脂肪の割合によって違いがありますが、概して塩分が多く、ピリッと舌を刺すような風味と青かび特有の芳香があります。

塩分が強いのは、青かびの働きを促進させるのに塩が必要なためで、舌を刺すような刺激は、青かびによって脂肪が分解されて生まれるものです。さらに、たんぱく質が分解してできる、アミノ酸の旨みも加わって、非常に奥行きの深い味わいとなります。

こうした個性的な味わいが強く感じられるロックフォールや、イタリアのゴルゴンゾーラ、イギリスのスティルトンは、世界三大ブルーチーズと呼ばれています。これらは、その強い個性ゆえ、敬遠されることも少なくありませんが、食べ慣れると大変好まれるようになります。

いずれも長い伝統に培われた製法で作られていて、個性を異にするため、同じブルーチーズといっても三者三様の味わいが楽しめます。

概して、熟成期間は長く、食べごろは、製造後3～6か月ごろといわれています。日本に輸入されるものはすでに食べごろに達している場合が多いので、買い求めたら、なるべく早くに食べきるのが一番。熟成が進みすぎると塩味もピリッとした刺激も強くなります。選ぶときは、青かびが均一に広がって、つやのあるものを選ぶとよいでしょう。

Roquefort

ロックフォール（AOC）

美しき自然の洞窟の中で育まれたシャープな味わい

　南フランス・アヴェロン県、ロックフォール・シュル・スールゾン村周辺で作られ、同村にあるコンバルー山の自然の洞窟内で熟成させたもののみ「ロックフォール」の呼称が許されている。原料乳は羊乳。

　この洞窟は、石灰岩の岩山で、長さ2キロ、幅300m、深さ300mほどのもの。かなり大きな洞窟だが、ところどころに見られる亀裂が通気孔となり、1年を通して、チーズの熟成にとっては理想的な温度（9℃）と湿度（95%）を、ほぼ一定に保っている。

　この亀裂から吹き込まれる風を「フルリーヌ」という。フルリーヌは、湿った空気とともに「ペニシリョム・ロックフォルティ」と呼ばれるかびの胞子を運んでくる。ロックフォールは、このかびの胞子を特製のパンを使って繁殖させ、それを採取して凝乳（＝カード）に混ぜ込み熟成させるが、その際、青かびを全体に平均して散らすため、針で穴を開けて通気孔を作り、かびに酸素を送り込むのが特徴とされる。

　熟成は3か月以上（通常4か月）。味わいはメーカーにより異なるが、一般的に、塩味はブルーチーズの中では最も強く、ピリッと舌を刺す刺激がシャープに感じられる。特に、熟成が進んだものは水分がにじみ出るようになり、塩味と香りが強くなる。

　もともとは、羊飼いの青年がお昼に洞窟でパンとチーズを食べようとしていたとき、恋焦がれる美しい女性が通りかかるのを見て、パンとチーズを置き忘れて追いかけたところ、数日後、そのチーズが何ともおいしいチーズに変わっていたというのが発祥といわれている。

　真実のほどは定かでないが、美しき自然の神秘のもとに、素晴らしいチーズが作られることを発見し、研究し続けた人々の知恵の結晶が今日のロックフォールであることに異論を唱えるものはないだろう。

data

産地　フランス
原料乳　羊乳
形状　円筒状（直径19〜20cm、高さ8.5〜10.5cm、重さ2.5kg以上）
MG　52%以上
AOC取得　1979年10月

写真上２点ともガブリエル・クーレ社。

かびは全体に広がっている。

写真左はセルブ社、下はパピヨン社のもの。

Gorgonzola

ゴルゴンゾーラ

パスタのソースに用いるのにも最高

原産地は、ミラノから約20キロ離れたポー河の流域、ゴルゴンゾーラ村だが、現在はロンバルディア地方およびピエモンテ州で作られている。正式名称を「ストラッキーノ・ディ・ゴルゴンゾーラ」という。

9世紀ごろ、ゴルゴンゾーラ村は、夏の間、アルプスの山麓に放牧されていた牛たちが平野に下りて里に帰る途中の重要な休息場所だった。ここで旅の疲れを癒す牛たちの乳を搾って作られたのがゴルゴンゾーラの発祥である。

「ストラッキーノ」の名も、ロンバルディアの方言「ストラッコ＝疲れる」が語源であるといわれている。

表皮は赤褐色でざらざらしているが、中身は非常になめらかで、青緑色のかびの筋が全体に広がっている。

スティルトン同様「ペニシリウム・グラウクム」という青かびによって内部から熟成させる。

熟成期間は約2か月。ブルーチーズ特有のピリッとした刺激が少なく、クリーミーなタイプの「ドルチェ」と、ピリッとした辛みが強いタイプの「ピッカンテ」がある。ピッカンテは、いわばゴルゴンゾーラの原型であるが、現在では、マイルドな味わいのドルチェのほうが好まれるため、生産量の大半がドルチェである。

このほか、ゴルゴンゾーラとマスカルポーネ（ティラミスに使われるフレッシュタイプのチーズ＝次ページ参照）を交互に重ねたものもある。

ロックフォールやスティルトンに比べると塩分は控えめで、ブルーチーズ特有の刺激的な味わいとミルクの甘みのバランスがよい。それゆえ、パスタのソースに使ったり、ドレッシングに加えたりと、料理での応用範囲は広く、生クリームを混ぜ合わせると、さらにまろやかな味わいが楽しめる。

1年中食べられるが、特に秋がおいしい。ワインは赤との相性がよい。

data

産地　イタリア
原料乳　牛乳
形状　円筒状（直径30cm、高さ20cm、重さ12kg）
MG　48%以上

まだ、若いタイプのゴルゴンゾーラ。
クリーミーなドルチェタイプ。

赤褐色でざらざらした表面からは想像つかないほど、
中身はマイルド。

ゴルゴンゾーラとマスカルポーネを足すと…

ゴルゴンゾーラとマスカルポーネを交互に重ねたタイプのチーズも販売されている。イタリアを代表するこの2つの組み合わせは、よりマイルドな風味になりとても相性がよい。青かびタイプが苦手な人でも食べやすいので、ぜひ試してほしい。

Stilton

スティルトン

ポルト酒との相性は秀逸

イギリスのレスターシャー州、ダービーシャー州、ノッティンガムシャー州の3州でのみ製造が許されている牛乳製のブルーチーズ。

スティルトンというのは、ロンドンからスコットランドのエジンバラへ向かう街道沿い、約100キロの地点に位置する小さな町。18世紀半ばごろ、この村にある「ベル・イン」という宿で初めてこのチーズが供され、美味なる魅力のとりことなった旅人たちの口伝えから、またたく間にイギリス中に人気が広まったという。このチーズに「スティルトン」の名が付いたのは、この逸話による。

熟成は3～6か月。表皮は茶色がかった灰色で、メロンのような細かいしわが寄っている。中身は緻密で水分が少なく、少しぽろぽろした感じ。色は、濃い黄色に青緑色のかび（ペニシリウム・グラウクム）が大理石模様のように、まだらに広がっている。

青かびの香りはフレッシュ・ハーブのように青々としている。味わいは、若いうちは、ピリッとした刺激（ロックフォールに比べると穏やかである）とともに、蜜を思わせるほのかな甘みがあるが、10～12か月ほど熟成させると、ねっとりとして、苦みを帯びた、強く深い味わいとなる。

ロックフォール、ゴルゴンゾーラとともに「世界三大ブルーチーズ」のひとつに数えられるが、製法の上では、ほかの2つが型詰めして、形がまとまったものに塩をまぶしているのに対して、スティルトンは凝乳（カード）に塩を混ぜる点で違いが見られる。

ワインは、ポルト酒との相性が抜群。1年中食べられるが、11月～翌年4月は特に味がよいことで知られる。

イギリスでは、クリスマスになると、銀製または陶製のポットにスティルトンを入れてプレゼントにするという伝統的な習慣がある。

data

産地　イギリス
原料乳　牛乳
形状　円筒状（直径約20cm、高さ25～30cm、重さ5～8kg）
MG　48～55%

濃い黄色と大理石のように広がったかびのコントラストが美しい。

スティルトンの表皮にはラードが塗られている。

ブルー・ドーヴェルニュ（AOC）

Bleu d'Auvergne

コクのある赤ワインと合う刺激的なブルー

原産地はフランス、オーヴェルニュ地方。ロックフォールを真似て作った青かび（ペニシリウム・グラウクム）チーズだが、ロックフォールが羊乳製であるのに対して、こちらは牛乳製。熟成期間は1キロ以上のものなら4週間以上、1キロ以下なら2週間以上。

表皮は自然にできたもので、黄色く粘ついていることがある。中身は青緑色のかびが全面に広がり、若いうちはよく締まっているが、熟成が進むにつれて、ねっとりとしてくる。

少し粗野で、舌にピリッとくる刺激的な辛味があるが、後味に牛乳本来の豊潤な香りと旨みが残る。ロックフォールのような強烈な香りはない。

ワインは、フランス、コート・デュ・ローヌ地方の「エルミタージュ」など、コクのある赤ワインが合う。

data

産地　フランス
原料乳　牛乳
形状　円筒状（大=直径約20cm、高さ8〜10cm、重さ2〜3kg／小=直径約10.5cm、高さはまちまち、重さ約1kg、500g、350g／輸出用に直方体のものもある）
MG　50%以上
AOC取得　1975年3月

Bleu de Gex
ブルー・ド・ジェクス（AOC）

軽い苦みが舌に心地よく広がる

フランスのフランシュ・コンテ地方、ジュラ山脈地区（スイスとの国境寄り）で作られるブルーチーズ。原料乳は牛乳。

熟成期間は約3か月。表皮は乾いていて、自然に発生した白かびが粉を吹いたように浮いており、「Ｇｅｘ」の文字が見られる。

中身は緻密でやわらかく、色は薄いアイヴォリー。かびは、全面に大理石模様を描くように美しく広がっている。その色は、若いうちは淡い青緑色をしているが、熟成が進むにつれて黒みがかった濃い色になる。

味わいは、青かびの香りが穏やかでマイルド。軽い苦みが心地よく感じられる。1年中食べられるが、夏から秋にかけてが食べごろである。

地元では、ゆでたじゃがいもにバターのように塗って食べることもある。

data

産地	フランス
原料乳	牛乳
形状	円盤状（直径36cm、高さに規定はないが、通常8〜9cm、重さ平均7.5kg）
MG	50%以上
AOC取得	1977年9月

ブルー・デ・コース（AOC）

Bleu des Causses

ロックフォールの牛乳版ともいわれるチーズ

　原産地はフランス南部ルエルグ地方（スペイン国境寄り）。かつては羊乳に牛乳または山羊乳を混ぜて作っていたが、現在は牛の生乳を原料にしている。

　熟成期間は3～6か月。「コース」と呼ばれる石灰質高原で作られ、ロックフォール同様、自然の洞窟内で熟成させる。

　この洞窟には「フルリーヌ」と呼ばれる岩の割れ目があり、それが通気孔の役目を果たして絶えず外気と循環し、1年を通して一定の温度や湿度を保つ。

　表皮は自然にできた薄茶色の皮で、白または青いかびがところどころに浮いている。

　中身は、黄色みを帯びたアイヴォリーに黒みがかった濃い色の青かびが広がっている。

　熟成期間の長い冬季は特に個性的な強い風味を持ち、口当たりは、ロックフォールに比べるとなめらかである。

data

産地　フランス
原料乳　牛乳
形状　円筒状（直径約20cm、高さ8～10cm、重さ2.3～3kg）
MG　45%以上
AOC取得　1979年5月

Fourme d'Ambert

フルム・ダンベール（AOC）

「高貴なブルー」と呼ばれる上品な味わい

原産地はフランス、オーヴェルニュ地方。原料乳は牛乳。

かつては、標高600〜1600メートルの山間で作られ、岩のくぼみの中で熟成させていたが、現在はその伝統的な製法を近代的な工場の設備に委ねており、農家製はない。

熟成は通常約2か月。表皮は乾いていて、黄白色と赤色の混ざり合ったかびで覆われている。中身は薄黄色で、一面に青かびが走っている。

若いうちはやや粒状だが、熟成してくると引き締まり、口当たりのよい苦みを帯びた風味が生じる。青かびが多いわりに辛味や刺激が少なく、まろやかで上品な味わいであることから、「高貴なブルー」と呼ばれる。円筒状をしたこのチーズの中央をスプーンでえぐり、そこへポルト酒を注いで食べるという愛好家好みの食べ方もある。

data

産地	フランス
原料乳	牛乳
形状	円筒状（直径約13cm、高さ約19cm、重さ1.5〜2kg）
MG	50%以上
AOC取得	1976年1月

Cambozola
カンボゾーラ
カマンベールに似た白いチーズ

ドイツ産。カンボゾーラとは、フランスの白かびチーズ「カマンベール」と、イタリアのブルーチーズ「ゴルゴンゾーラ」を合体させた名称で、2つの長所を取り入れて作られたもの。

すなわち、表皮は白かびで覆われていて、中身には青かびが広がっている。

脂肪分含有率は70％以上と非常に高く、口当たりはクリーミーである。青かびの個性的な香りや刺激的な辛味はほとんど感じられず、バターを思わせる豊潤なミルクの香りに富んでいる。

ブルーチーズ独特の味わいが苦手という人にとっても親しみやすい、マイルドな味わいで人気がある。

形状は、直径約25センチ、重さ約2キロの円盤形をしており、上面には、きっちりと12等分になるような図柄がプリントされている。

data

産地　ドイツ
原料乳　牛乳
形状　円盤状（直径約25cm、高さ4.5～5cm、重さ約2kg）
MG　70％以上

Danablu

ダナブルー

ロックフォールに対抗するために生まれたチーズ

デンマーク産。第一次世界大戦以前、イギリスやアメリカへの輸出用として、フランスのロックフォールと張り合うために作り出された。

名前も、初めはダニッシュ・ロックフォールと付けられていたが、フランスがロックフォールの名称を守るべく激しく抗議し、やむなくダニッシュ・ブルーに変更。現在は、それが縮まって、ダナブルーとなった。

原料乳は牛乳。熟成期間は2～3か月。中身は乳白色で、不規則な気孔が見られる。組織は引き締まっているが、やわらかく、青緑色のかびが縞模様を描くように全体に広がっている。きのこを彷彿とさせる香りを放ち、青かび特有の刺激的な辛みと塩味が舌にシャープに感じられる。日本に最初に入ってきたブルーチーズで比較的手頃な価格で求められる。

data

産地　デンマーク
原料乳　牛乳
形状　円筒状（直径約20cm、高さ約10cm、重さ2.5～3.2kg）
MG　50～60%以上

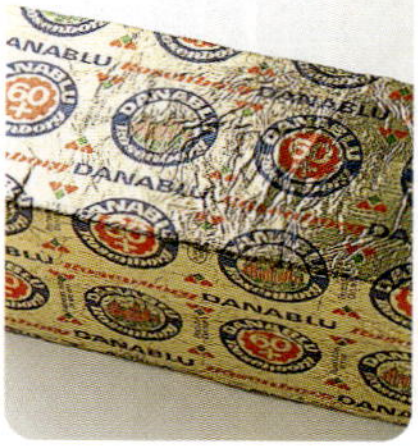

Bleu de Bresse
ブルー・ド・ブレス

「ブレス・ブルー」の名でも親しまれる

原産地はフランスのブレス地方、セルヴァス村。「ブレス・ブルー」の商標でも知られる。原料乳は牛乳。熟成は2〜4週間。表面は白かびに覆われ、白かびによる表面からの熟成と青かびによる内部からの熟成が行われる。中身はやわらかく、ねっとりとしている。青かび特有の香りや刺激は少なく、口当たりも穏やかである。

　1950年ごろ、イタリアのゴルゴンゾーラを真似て作られた「サンゴルロン」を販売しやすいように小さくしたもの。円筒状で、大きさは大中小とある。

data

産地　フランス
原料乳　牛乳
形状　円筒状（大=直径10cm、高さ6.5cm、重500g／中=直径8cm、高さ4.5cm、重さ225g／小=直径6cm、高さ4.5cm、重さ125g）
MG　55%

Montbriac
モンブリヤック

現存するチーズの中ではかなり古いもの

フランス、オーベルニュ地方で作られるブルーチーズ。原料乳は牛乳。

　表面は、きめ細かい、灰色がかった白かびに厚く覆われる。中身は黄色みを帯びたアイヴォリーで、濃い青緑色をしたパセリ状の青かびが固まって点々と散っている。

　青かびの量は、他のブルーチーズに比べると多くなく、特有の香りや刺激的な辛味も少ないほうである。口当たりはクリーミーで、ねっとりとして、口の中でゆっくりと溶けていく感じである。

data

産地　フランス
原料乳　牛乳
形状　円盤状（直径15〜16cm、高さ約3.5cm、重さ約600g）
MG　55%以上

バヴァリア・ブルー

Bavaria Blu

ブリーに似た上品な香りとコクを併せ持つ

ドイツ、バヴァリア地方産。カンボゾーラ同様、白かびタイフのチーズに青かびを植えつけこもので、原料乳は牛乳。中身は乳白色でやわらかく、パセリ状の青かびが入っている。脂肪分含有率は70%と高く、非常になめらかでクリーミーである。

別名を「ブルー・ブリー」といい、フランスのブリーに似たなめらかさと上品な香り、コクを持つ。青かび特有の強い塩味やピリッとした刺激はほとんどなく、ミルキーでやさしい風味が楽しめる。

data

産地	ドイツ
原料乳	牛乳
形状	円盤状（直径約18cm、高さ約5.5cm、重さ1.3kg）
MG	70%

セミハード&ハードタイプ

このタイプは、すりおろして料理に使うのが一般的ですが、長い熟成によって培われた旨みは、そのまま食べても十分おいしいもの。チーズ通が最後にたどり着くチーズともいわれています。

セミハード（半硬質）タイプとハード（硬質）タイプのチーズは、もともと、冬の間、雪に閉ざされる地方に暮らす人々が、冬のたんぱく源を確保するために保存性の高いチーズを作っていたのが始まり。今日でも主に山岳地帯で作られています。

セミハードとハードの違いは、製造方法によって区別されます。すなわち、前者は凝乳（カード）を加熱しないのに対し、後者はほとんどが加熱して脱水を促進します。

セミハードの熟成期間は3～6か月、水分含有量は38～42%。ハード（硬質）タイプの熟成期間は6か月以上、水分含有量は32～38%。このなかでも、水分量が32%以下のものは「超ハード（超硬質）タイプ」と呼ばれ、区別されることもあります。

超ハードタイプには、代表的なものに、イタリアのパルミジャーノ・レッジャーノ、スイスのグリュイエール、エメンタールなどがありますが、いずれも水分含有量が16～32%と極端に少なく、熟成期間も1年以上、ものによっては3～4年と長いのが特徴です。

長期間の熟成によって、旨みを増したチーズ

セミハードタイプ、ハードタイプとも、加熱しない、あるいは加熱した凝乳（カード）を型に入れてから重しをのせて圧搾しますが、概して、何十キロもあるような大型のものが多く見られます。

チーズによっては乳にプロピオン酸菌スターターと呼ばれるものを添加しますが、これは特有の風味を生むと同時に炭酸ガスが発生し、「チーズアイ（チーズの目）」と呼ばれる丸い気孔を作ります。

味わいは、同じセミハード、またはハードに分類されているチーズでも、それぞれ脂肪分含有率や水分の含有量が異なるため、風味や口当たり（硬さ）はチーズによってさまざまです。

口当たりの点でいえば、ほかのタイプのようなクリーミーさこそありませんが、長時間かけてじっくり熟成させることによって、旨み成分であるアミノ酸が増加するため、味わいとしては、どのタイプのチーズよりもコクがあります。「チーズを食べ慣れた人が最後にたどり着く究極のチーズ」といわれているほどです。

Gouda
ゴーダ
オランダを代表するチーズ

原産地はオランダ南部のゴーダ村。13世紀から作られ、同国で生産されるチーズの6割以上を占めている。ちなみに、オランダ語では「ゴーダ」ではなく、「ハウダ」と発音される。

原料は全脂乳または部分脱脂の牛乳で、もとの凝乳は口当たりが穏やか。熟成期間は4～6か月が一般的だが、1年以上かけるものもある。

熟成させる際、表面を油状のもの（フロマコート）で覆い、かびの発生や水分の蒸発を防ぐ。さらに、輸出用のものには、表面に黄色いワックスをかける。このワックスは硬くて味も悪いので、食べるときに除いたほうがよい。

中身は淡黄色で引き締まり、ところどころに小さな気泡が見られる。

熟成4～6か月のものはクリーミーで、バターのような風味。1年以上熟成させたものは味わいに深みが生まれ、濃厚な旨みが加わる。

スライスしてそのまま食べるほか、フォンデュなどに用いるとよい。

data

産地　オランダ
原料乳　牛乳
形状　円盤状（直径35cm、高さ10～12.5cm、重さ約12kg／310～610gのベビーゴーダもある
MG　48%

Fontina

フォンティーナ

フォンドゥータに欠かせないチーズ

生産指定地域は、イタリア、ピエモンテ州のアオスタ渓谷およびヴァッレ・ダオスタ州全域。フォンティーナの名は、アオスタ渓谷近くの山〝フォンティン〟にちなんで付けられた。

原料は牛乳。全脂乳から作り、凝乳（＝カード）を加熱して仕上げる。熟成期間は3か月以上。6月15日～9月29日までの間に放牧された牛の乳を使って熟成させるので、秋～冬にかけてが食べごろである。

中身はやわらかく、しなやかで、引き締まった組織の中に小さい気孔が点在する。

熟成3か月はこのタイプとしては比較的短いため、味わいはマイルドであっさりしている。が、ウォッシュタイプに似た刺激臭がかすかに感じられ、はしばみのような甘みを帯びたナッティな芳香もある。

そのままテーブル用チーズとして食したり、フォンドゥータ（＝イタリア風のチーズフォンデュ／作り方は60ページ参照）に利用するほか、少し硬くなったものは、すりおろして料理に利用するとよい。

data

産地　イタリア
原料乳　牛乳
形状　円盤状（直径35～45cm、高さ7～10cm、重さ8～18kg）
MG　45～50%

写真下は若いタイプ、右は熟成させたタイプ。

Raclette
ラクレット

溶かして味わうスイス・アルプスのチーズ

原産地はスイスのヴァレー州。フランスのサヴォワ地方やフランシュ・コンテ地方などでも作られている。

原料は牛乳。凝乳（＝カード）は加熱せずに仕上げる。熟成期間は2か月以上。表面を洗いながら熟成させる。

表皮は薄茶色。中身は乳白色で、小さな気孔がところどころに見られる。引き締まって弾力があり、味わいはマイルド。木の実のような香りとウォッシュの風味がわずかにある。

そのまま食べても美味だが、スイスではラクレットと呼ばれる料理によく使われる。これはチーズを真ん中から半分に切りその切り口をよく熱したラクレット専用オーヴンの炎に向けて置き、溶けてきた部分をナイフで削り落として、ゆでたじゃがいもと一緒に食べるというもの。

チーズ名と料理名が同じなので混同しやすいが、そもそも、ラクレットとは、フランス語で「削る」を意味する「ｒａｃｌｅｒ」が語源。それがチーズ名と料理名を指すようになったものである。

data

産地　フランス
　　　　スイス
原料乳　牛乳
形状　円盤状（直径28〜36cm、高さ5.5〜7.5cm、重さ4.5〜7kg）
MG　45%以上

世界のチーズ

“スイス”

2000年以上の歴史を持つ硬質チーズの王国

スイスのチーズ作りは建国以前から行われ、1世紀には既にエメンタールの原型といわれるスプリンツが作られていたと伝えられています。

スイスを代表するチーズといえば、何といってもグリュイエールとエメンタールが有名です。この2つで全体の約8割を占めているので、ほかのチーズの影は薄らいで見えますが、ほかにも前述のスプリンツをはじめ、アッペンツェラー、テット＝ド＝モアンヌ、ラクレット、ロイヤルプなどがあります。

これらのチーズの特徴は、いずれもアルプスをひかえたスイスならではの「山のチーズ」、大型の硬質・半硬質タイプということです。

また、スイスは世界有数のチーズ生産国でありながら、小規模な経営形態が目立つのも特徴のひとつです。

その理由は、古くから山間に暮らす人々がそれぞれの家に伝わる手作りの製法でチーズ作りに取り組んできたこと。また、国民がドイツ人、フランス人、イタリア人と異なった人種によって構成されていることなどが考えられます。

こうした歴史的、地理的背景を抱えたスイスチーズ。日本では料理に使うのが一般的ですが、硬質チーズは長期間の熟成によって旨み成分が多く含まれていることから、チーズ好きが最後にたどり着くチーズといわれています。

スイスチーズも、ときには、ごく薄くスライスして、そのまま味わってみてはいかがでしょう？ きっと、新しいおいしさに出会えるはずです。

パルミジャーノ・レッジャーノ

Parmigiano Reggiano

イタリア硬質チーズの最高峰

生産地はイタリアのエミリア・ロマーニャ州と、ロンバルディア州の一部。

前日の夕方搾って寝かせておいた牛乳と、当日の朝搾った牛乳を混ぜて作るのが特徴。一晩置くことによって自然に分離した乳脂肪を取り除くため、脂肪分が少なく、長期間の成熟に耐える。

熟成期間は最低2年。一般に「ヴェッキオ（Vechio）」と呼ばれる1年半～2年のものが多く出回る。熟成2～3年のものは「ストラヴェッキオ」、4年以上のものは「ストラヴェッキオーネ」と呼ばれ、特別に扱われる。

表皮は褐色で硬く、中身は淡い麦わら色。もろくて崩れやすく、少しざらざらするが、これは長期熟成によって、たんぱく質がアミノ酸に変化した証。上品なコクと香りがある。

すりおろして料理に使うことが多いが、そのまま食べても非常に美味である。粉にしてから時間をおくと風味が損なわれるので、使う直前に必要な量だけおろすとよい。

data

産地　イタリア
原料乳　牛乳
形状　太鼓型（直径35～45cm、高さ18～24cm、重さ約30kg）
MG　32～35%

Pecorino Romano

ペコリーノ・ロマーノ

強い塩味のなかにも羊乳特有のコクと芳香

ペコリーノは、イタリアで、羊乳から作られるチーズの総称。

ペコリーノ・ロマーノは、その名のとおり、初めはローマ近郊で作られていたが、現在では主にサルディニア島で作られている。２０００年以上の歴史を持つ古いチーズである。

熟成は8～12か月。表皮は白く、なめらかで、ワックスが塗られている。中身は白か淡黄色で、もろく、崩れやすい。

味わいは、塩分の強さが印象的だが（近年では塩分を控える傾向にある）、羊乳特有のコクと甘み、芳香を併せ持ち、わずかな酸味とピリッと舌を刺す風味を有する。

そのまま食べても美味だが、すりおろして料理に使うことが多い。

このチーズとよく対比されるものに「ペコリーノ・トスカーノ」があるが、これは、トスカーナ地方産の羊乳製チーズ。

ペコリーノ・ロマーノに比べると塩気が少なく、風味もマイルドで、くせがあまりない。フレッシュタイプと熟成させたものがある。

data

産地	イタリア
原料乳	羊乳
形状	円筒形（直径25～30cm、高さ14～23cm、重さ8～22kg）
MG	36～38%

Emmental
エメンタール
世界最大のチーズは大きな丸い目が特徴

グリュイエールとともにスイスを代表するチーズ。原産地はスイスのベルン州、エメンタール地方だが、フランスやドイツでも作られている。

原料は牛乳。熟成は４～８か月。表皮は熟成中に塩でこすり、ブラシをかけ、脂肪をぬって仕上げる。

世界で一番大きなチーズで、直径70～１００センチ、高さ13～25センチ、重さ60～１３０キロ。中身は淡黄色で硬い。組織は締まり、さくらんぼ大～くるみ大の大きな気孔が散在する。この気孔はチーズに風味をつける目的で、凝乳（＝カード）に加えられたプロピオン酸菌（バクテリアの一種）が熟成中に乳酸を分解し、炭酸ガスを発生してできたもの。チーズアイ（チーズの目）とも呼ばれる。

味わいは比較的淡泊で、ナッティな香りとわずかに甘みがある。グリュイエールに比べると塩気は弱い。よく熟成したものはチーズの目が正円形をしているのが目印である。

グリュイエールとともに、チーズフォンデュには欠かせない。

data

産地　スイス
原料乳　牛乳
形状　円盤状（直径70～100cm、高さ13～25cm、重さ60～130kg）
MG　45～49%

Gruyère

グリュイエール

よく熟成したものは格別の味わい

エメンタールと並んでスイスを代表するチーズ。フリブール州、グリュイエール村付近で、12世紀ごろから作られている。

原料は牛乳。通常は、5〜6か月熟成させたものが出回るが、1年ほど熟成させたものもある。

表皮は、熟成中に、塩水に浸けられた布巾で何度もぬぐわれてなめらかになり、表面熟成をおこして黄褐色になる。

中身は黄色〜琥珀《こはく》色。組織は引き締まる。気孔はわずかに見られるが、エメンタールの気孔に比べると小さく、少ない。

味わいは、5か月程度の熟成ではまだ穏やかだが、熟成が進むにつれて力強さを増し、木の実のような特有の芳香に恵まれる。エメンタールよりも塩気が強く、コクもある。内部に「レニュール」と呼ばれる細い割れ目ができたものは、よく熟成した印といわれる。

チーズフォンデュをはじめ、オニオングラタンやキッシュなど多くの料理に使われる。料理用は若いもので十分だが、そのまま食すならよく熟成したもののほうが深い味わいが楽しめる。

data

産地 スイス
原料乳 牛乳
形状 円盤状（直径70〜75cm、高さ9〜13cm、重さ30〜45kg）
MG 48%

Edam
エダム
「赤玉」の愛称で親しまれるオランダチーズ

ゴーダとともにオランダを代表するチーズ。エダムの名は、17世紀、世界に向けてチーズを船積みしていたオランダ北部の小さな村の名にちなむ。

原料は牛乳。熟成期間は4か月以上（1年以上のものもある）。表面が赤いワックスで覆われているのが特徴的だが、これは輸出用で、輸送途中に傷つくのを防ぐために施されたもの。オランダ国内で消費されるものはチーズ本来の色（熟成が進むにつれてクリーム色から麦わら色、黄土色へと変わる）をしている。

中身は、熟成の若いうちは、しなやかで、バターのようなマイルドな味わいと、かすかな酸味を持つが、熟成が進むにつれて硬くなり、はしばみに似た風味が現れ、力強さを増す。

スライスしてそのまま食べるほか、すりおろしてグラタンやクッキーなどに入れるとよい。

data

産地　オランダ
原料乳　牛乳
形状　縦長の球形（高さ約14cm、重さ約1.8kg）
MG　40%

Beaufort
ボーフォール（AOC）

アルプスの短い夏の贈り物

原産地はフランス、サヴォワ地方。アルプスの高地牧場で、牛乳を原料に作られる。

この地方は、1年の約半分が雪に覆われ、牛たちが青々とした草を食むことができるのは5~10月の半年間のみ。この期間に搾乳されたミルクで作られたボーフォールは、非常に濃厚で力強い味わいを持つ。

特に、6~10月に放牧された牛のミルクを使ったものは「エテ（夏のボーフォール）」、さらに標高の高い（1500m以上）ところで放牧された牛のミルクを使ったものは「アルパージュ」と呼ばれ、冬期のものと区別して扱われる。

熟成期間は4か月以上。外皮を塩水でふいたり、ブラシでこすりながら仕上げる。

中身はやや硬く、淡黄色。エテ、アルパージュの食べごろは9月~翌年5月。熟成が進むにつれて風味を増す。

側面がくぼんでいるのは、かつて、重さ数十キロもあるこのチーズを運ぶ手段として、側面に縄をかけ、馬にのせて運んでいたころの名残りである。

data

産地　フランス
原料乳　牛乳
形状　表面が平らで側面がくぼんだ車輪型（直径35～75cm、高さ11～16cm、重さ20～70kg）
MG　45%以上
AOC取得　1976年3月

※写真はカットされたもの。

Cheddar チェダー

イギリス生まれのマイルドな味わい

原産地はイギリスだが、現在ではアメリカ、オーストラリア、カナダなど多くの国々で作られている。

原料は牛乳。「チェダリング」と呼ばれる特殊な技法で作られる。その技法とは、まず、乳清（＝ホエー）をある程度抜いた凝乳（＝カード）を〝のし餅〟のように四角く整え、何度か反転させたり、切り分けて重ねたりしながらホエーをさらにきっていく。最後は、カードを細かく切断して塩を混ぜ、型に詰めて圧搾する、という方法。

通常のチーズは、ある程度固まった凝乳を穴のあいた型に詰めて乳清をきっていくが、その点で大きな違いがある。

熟成は通常5～8か月（2年以上のものもある）。若いうちはクリーム色をしているが、熟成が進むにつれてアイヴォリーに変化していく。本来は着色しないが、アナトーという自然の染料でオレンジ色に着色されることもある。

農家製で1年ほど熟成させたものは、非常にクリーミーで、特有の甘い芳香と旨みがある。

data

産地　イギリス
原料乳　牛乳
形状　円筒形（直径32cm、高さ28cm、重さ27kg）
MG　45～48%

世界のチーズ

“デンマーク”

第二次世界大戦以降生産がさかんになった新興国

デンマークはもともと牧畜のさかんな土地でしたが、チーズが熟成していくための微生物が生きるには寒すぎる気候であったことから、チーズ作りは微生物学の進歩を待たなくてはなりませんでした。

　それがさかんになりだしたのは第2次世界大戦以後、他国からチーズ作りの技術が導入されるようになってからのことです。

　デンマークチーズの特徴は、いずれも、オランダ、フランス、ドイツ、スイスなどのチーズを模して作られたものでありながら、モデルとなったチーズ名を付けず、デンマークにある島名や地名を付けていることです。

　もっとも多く作られているチーズはダンボー。名前はシェラン島という小さな島の村名に由来しますが、モデルとなったのは、ロシアのステップともオランダのエダムともいわれています。このほか、ハバティ、サムソー、ダナブルーなどが有名です。また、クリームチーズも、デンマーク産は品質が高いことで定評があります。

デンマークチーズは、オリジナリティや伝統においては、ほかのヨーロッパ諸国のチーズにかなうべくもありませんが、よいものなら何でも取り入れるという進取の気性の下に作られているという点は、古い歴史にとらわれた国々にはない長所であると評価できるでしょう。

Cantal
カンタル（AOC）

オーヴェルニュを代表するAOCのひとつ

フランス、オーヴェルニュ地方で牛乳を原料に作られる。ライヨール、サレールとともに、この地方を代表するAOCチーズといわれている（いずれも生産方法が同じ）。

中身は加熱しない半硬質（セミハード）タイプ。表皮は乾いている。

形は、直径・高さとも40センチ前後の円筒形。〝フルム〟と呼ばれる型に入れて熟成させることから「フルム・ド・カンタル」の名でも呼ばれる。

熟成は30日以上。表皮は、若いうちはなめらかで灰白色をしているが、熟成が進むにつれて濃い黄色になり、しだいに赤みを帯びて、ごつごつとした岩のようになる。

中身はアイヴォリー。若いうちは濃厚なミルクの味わいが、熟成の進んだものは、力強く個性的な風味が楽しめる。

作り方の初期段階で、凝乳（＝カード）を粉砕し、圧搾機にかけるが、この段階のものを「トム」と呼ぶ。これは、この名のチーズとして出荷されることもある。

data

産地　フランス
原料乳　牛乳
形状　円筒形（直径36〜42cm、高さ35〜40cm、重さ35〜45kg）プティ・カンタルと呼ばれる小型もある
MG　45%
AOC取得　1980年2月

Laguiole

ライヨール（AOC）

高山放牧牛の力強さの結晶

フランス、ルエルグ地方で牛乳を原料に作られる。ライヨールの名は、「オーブラック」という高原にある海抜1000mの村の名にちなむ。

中身は加熱しない半硬質（セミハード）タイプ。5～10月の高山放牧中に作られ、秋から冬にかけて熟成させる。熟成期間は4か月以上。

味わいは、くせがなく、コクのある濃厚な旨みを有する。熟成が進むと、木の実のような香りが強くなる。

製法、形状（円筒形）、大きさ（直径・高さとも40センチ前後）とも、カンタルやサレールとよく似ており、兄弟のようにいわれることもあるが、ライヨールの生産量は、3つの中でももっとも少ない。

製造の初期の段階で、凝乳（＝カード）を粉砕し、圧搾機にかけるが、この段階のものを「トム」と呼ぶ。

ルエルグ地方の郷土料理に「アリゴ」という有名な料理があるが、地元の人々はこれをライヨールのトムを使って作る（作り方は46ページで紹介）。

data

産地　フランス
原料乳　牛乳
形状　円筒形（直径約40cm、高さ30～40cm、重さ30～50kg）
MG　45%以上
AOC取得　1976年6月

Saint-Nectaire

サン＝ネクテール（AOC）

よく熟した農家製は古漬けを思わせる強い香り

原産地はフランス、オーヴェルニュ地方。原料は牛の生乳または殺菌乳。凝乳（＝カード）を加熱せずに仕上げ、表皮は洗いながら熟成させる。熟成期間は通常8週間。農家製、酪農協同組合製、酪農工場製がある。

表皮は白と灰色のかびに覆われ、熟成が進むにつれて黄色や赤色のかびにも覆われる。中身は淡黄色。ねっとりとしてやわらかい。

熟成が進むと強い香りを放つようになるが、その個性的な香りこそがサン＝ネクテールの最大の魅力といえる。その香りは、ミルクの甘い香りからはほど遠く、古漬けや高菜漬けなど酸味のある漬物を思わせ、中は濃厚なナッツ香を感じる。味わいにもわずかに酸味を感じさせ、軽い渋みや木の実のような香ばしさも併せ持つ。この特徴を最もよく味わえるのは農家製の生乳を使い、黄色や赤のかびに覆われるようになるまでよく熟したものである。食べごろは夏〜秋。

農家製は楕円形の鑑札（カゼインマーク）、酪農工場製は正方形の鑑札がかけられる。

data

産地　フランス
原料乳　牛乳
形状　円盤状（直径約21cm、高さ5cm、重さ約1.7kg／プティ・サン＝ネクテールと呼ばれる小型もある）
MG　45%以上
AOC取得　1979年5月

Reblochon

ルブロション（AOC）

ミルクのやさしい甘みの中にかすかな苦み

原産地はフランスのサヴォワ地方。原料は牛乳。凝乳（＝カード）は加熱せず、軽く圧搾して脱水する。熟成期間は3〜4週間。

表皮はオレンジがかった黄色で、自然に発生した白かびが粉を吹いたようにつく。熟成中に乳清（＝ホエー）で洗われる。中身は淡黄色でやわらかく、気孔が点在する。

味わいは、ミルクのやさしい甘みの中にかすかな苦みがあり、ナッツのような風味を持つ。口当たりは、ねっとりとしてなめらかである。農家製、酪農場製、工場製があるが、農家製は5〜9月にかけてが最も味がよい。

ルブロションの名前は、「Reblocher（2度目に乳を搾る）」が語源といわれる。これは、13世紀、牧夫たちが牛を放牧していた土地がすべて借地だった時代、その地代とし最初に搾った乳を地主に渡したあと、自分たち用にと再び乳を搾り（2度目の乳は脂肪分が高く、濃厚な味わいになる）、その乳でチーズを作っていたという逸話による。

data

産地　フランス
原料乳　牛乳
形状　円盤状（直径約14cm、高さ約3.5cm、重さ450〜550g／プティ・ルブロション・ド・サヴォワまたはプティ・ルブロションと呼ばれる小型もある）
MG　45%以上
AOC取得　1976年4月

農家製は裏面に緑の鑑札がある。

Ossau-Iraty-Brebis Pyrénées
オッソー＝イラティ＝ブルビ・ピレネー（AOC）

食通好みの〝羊乳製〟セミハード

原産地はフランスのスペイン国境寄り、ピレネー山脈の麓に位置するバスク地方およびベアルン地方。

オッソーの谷とイラティの森で作られるものがAOCの指定を受けている（AOCの規定に合わないものは「山のチーズ」「羊のチーズ」の名称で売られ、地元で消費される）。

原料は羊乳。羊は産地に伝統的に定着している品種に限られる。熟成は約90日。

生乳で作る農家製と殺菌乳で作る工場製があり、産地では農家製が主流。産地以外では工場製が主流となっている。羊乳は搾乳量が少なく、搾乳期も限られているため、チーズの生産も極めて少ない。農家製の大半が地元で消費されてしまうのはまさにこうした事情によるものである。

表皮はオレンジがかった黄色で中身は淡黄色で緻密。味わいは羊乳特有のコクがあり、はしばみを思わせるナッティな風味。蜂蜜に似た甘い香りとフルーティーな香りも魅力的である。食べごろは初秋〜冬。

data

産地　フランス
原料乳　羊乳
形状　円盤状（工場製：直径25.5〜26cm、高さ9〜12cm、重さ4〜5kg／農家製：直径24〜28cm、高さ9〜15cm、重さ7kg以下／他にプティ・オッソー＝イラティと呼ばれる小型もある）
MG　50%以上
AOC取得　1980年3月

Tomme de Savoie

トム・ド・サヴォワ

各村、各農家の個性が楽しめるサヴォワのトム

トムと呼ばれるチーズはいろいろな地方にあるが、フランス、サヴォワ地方のトムは最も有名。

ここで紹介するトム・ド・サヴォワもほかのトムと同様ひとつのチーズを指す名称ではなく、サヴォワ地方の各村で作られるチーズの総称である。かつてこの地方では、夏の間、ボーフォールなどの大型チーズを共同で作り、雪深い冬期は各農家が個別に小型のチーズを作っていた。これがトムの始まりである。

原料は牛乳（他の地方のトムには山羊乳製や羊乳製もある）。生乳または殺菌乳の全乳、もしくはバターを作ったあとの脱脂乳を使う。熟成期間は6週間以上。凝乳（＝カード）は加熱せずに仕上げる。

表皮は硬く、灰色や赤色のかびが点在している。中身は黄色がかったアイヴォリーで、弾力があり、小さい気孔が見られる。

味わいは原料や作り手によって微妙に異なるが、バターを作ったあとの脱脂乳を使ったもの（このタイプが多い）は、脂肪分が比較的少ない。表皮はかび臭いので、取り除いて食べる。

data

産地　フランス
原料乳　牛乳
形状　円盤状（直径18～30cm、高さ5～8cm、重さ1.5～3kg）
MG　40％以上

※トムとは各農家が作る小型のチーズを指す総称

カチョカヴァッロ

Caciocavallo

ひょうたんのような愛嬌あるユニークな形

イタリア南部原産。フラスコ型と呼ばれるユニークな形で、ひょうたんのように大小の球がついている。上の球は下の球の4分の1の大きさで、くびれた部分をひもで縛ってある。

カチョカヴァッロは「馬上のチーズ」の意。これは、2個のチーズを1組にして左右にぶら下げて熟成させたのが、ちょうど馬の鞍《くら》から荷物を垂れ下げている姿に見えたことから命名されたという説がある。ほかにも、昔は遊牧民が馬乳で作っていたという説があるが、前者のほうが有力と思われる。

原料は牛の全脂乳。凝乳（＝カード）を自然脱水してから、モッツァレッラのように熱湯の中で手でこねて伸ばして作る。

熟成期間は2～4か月（料理用は6か月以上）。若いときは引き締まって弾力があり、上品な甘みがあるが、熟成が進むと硬くなり、コクが深く、塩味の勝ったシャープな味わいになる。

熟成の若いものはそのまま食べ、6か月以上熟成させて硬くなったものは、すりおろして料理に用いる。

data

産地　イタリア
原料乳　牛乳
形状　フラスコ型で、くびれた部分をひもで縛ってある。重さは通常2～3kg。近年では小型化が進み、250gぐらいのものもある。
MG　44～45％

Mimolette

ミモレット

カラスミに似た風味

フランスで外国製品の輸入が禁じられた時代（17世紀）、オランダのエダムを真似て作られたチーズ。

原料は牛乳。ミモレットは、フランス語の「ミ＝モレ（mi-mollet）＝半分やわらかい」が語源。

その名のとおり、若いうちはやや、やわらかいが、熟成が進むにつれて硬くなり、ぼろぼろと砕けるようになる。色は初め鮮やかなオレンジ色をしているが、次第に赤みを増してくる。

熟成期間は6週間以上。熟成6か月のものには「demi-vieille（中ぐらいに熟成した）」、12か月のものには「vieille（熟成した）」18～24か月のものには「extra vieille（特に熟成した）」の表示がつけられ、区別して扱われる。

若いうちは、あまり香りがないが、熟成が進むとカラスミに似た風味が現れる。

そのままスライスして食べるほか、削って料理に使う。日本酒との相性もよい。

data

産地	フランス
原料乳	牛乳
形状	偏平な球形（直径約20cm、高さ約15cm、重さ2～4kg）
MG	40%以上

Comté

コンテ（AOC）

厳しい資格審査にパスした選りすぐりの逸品

フランス東部、フランシュ＝コンテ地方（スイスとの国境近く）で牛乳を原料に作られる。

製造法はスイスのグリュイエールと同じで、「フランスのグリュイエール」とも呼ばれる。

形は直径40～70センチ、高さ9～13センチの車輪型、重さは35～55キロと大型。ひとつ作るために、500リットル以上ものミルクを使用。小さな農家一軒では生産できないため、通常、「フリュイティエール」と呼ばれる協同組合で生産される。

熟成期間は90日以上。表皮は黄褐色で硬く、厚い。中身は黄金色で、組織は引き締まり、さくらんぼ大の気孔がわずかに見られる。

甘み、苦み、塩味、酸味のバランスがよく、はしばみに似たナッティな香りを持つ。そのまま食べるほか、フォンデュなどの料理に用いるとよい。

1976年にAOCを取得したが、形、表皮、気孔、味わいの点で審査が厳しく、一定の基準に満たないものはコンテとして認められず、グリュイエールとして出荷される。

data

産地　フランス
原料乳　牛乳
形状　車輪型（直径40～70cm、高さ9～13cm、重さ35～55kg）
MG　45％以上
AOC取得　1976年3月

ルブロションはミルクの濃厚な味わいで、初心者にもおすすめ。

Gjetost
イェトスト

キャラメルを思わせる甘い味わい

「イェ」は、ノルウェー語で山羊、「オスト」はチーズを意味する。

その名が示すとおり、イェトストは本来山羊乳で作られるものだが、今日では、牛乳の乳清に対して山羊乳を10％以上混ぜたもの（正確には、ここに乳糖やクリームを添加したもの）で作るのが一般的。熟成期間はおよそ4か月。長期保存も可能である。

表皮はまったくなく、色合いは濃いキャラメル色。組織もキャラメルのように引き締まり、緻密である。

味わいは、乳糖の甘みが感じられ独特。およそチーズらしい風味はなく、キャラメルやヌガーを思わせる甘みと香りが強く感じられる（この香りが干し草や刻みたばこにたとえられることもある）。

100％山羊乳で作られたものを「エクテ・イェトスト」または「イェトミスト」というのに対し、牛乳の乳清と混ぜたものを「ブランデト・イェトスト」と呼ぶ。

data

産地　ノルウェー
原料乳　山羊乳10％以上＋牛乳の乳清（乳糖、クリームを添加）
形状　直方体（重さ200〜400g）
MG　30〜38％

Tête de Moine

テット・ド・モワンヌ

花びらのように薄く可憐に削って楽しみたい

フランスとスイスにまたがるジュラ山脈のスイス側で作られる。別名「ベルレー」。

原料は牛の生乳。凝乳（＝カード）は加熱せず、一度圧搾してから樹皮に包み、十分硬くなるまで数週間おいた後、地下の穴蔵で低い温度で熟成させる。熟成期間は通常3～6か月。

かつては4～6キロの大きさで売られていたが、近年は600～900gのものが主流。表皮は赤褐色で、ややねばねばしている。中身は黄色から淡褐色。押すとへこむやわらかさで、緻密で引き締まっている。味わいは濃厚で、果実の香りをわずかに感じさせるのが特徴。レストランでは、「ジロール」と呼ばれる専用の削り器を使って花びらのように薄く削ってサービスする（薄くふわっと削ることで濃厚な味わいを繊細に楽しむ）。

テット・ド・モワンヌは「坊主の頭」の意。これは、15世紀、修道僧たちがこのチーズを作っていたという説や、農夫たちが修道士の頭数だけ修道院に贈っていた説など命名の由来には諸説ある。

data

産地　スイス
原料乳　牛乳
形状　円筒状（多くは直径11cm、高さ8.5cm、重さ900g）
MG　51％

Maribo
マリボー
溶けやすく、くせがないので調理向き

デンマークのローランド島原産の牛乳製のチーズ。

形状は、円盤状のものと角盤状のものがある。前者は薄く乾いた黄金色の外皮（＝リンド）を持ち、後者はビニールなどで覆って熟成させるため、外皮がない（＝リンドレス）。

いずれも、中身は淡黄色で、小さい気孔が点在する。味わいはくせがなく、かすかな酸味がある。風味はリンドのあるほうが優れる。リンドレスは、加熱するときれいに溶けてよく伸びることから、主に料理用に使われる。

data

産地　デンマーク
原料乳　牛乳
形状　円盤状（直径44cm、高さ約10cm、重さ13～15kg）角盤状（一辺38cm、高さ約10cm、重さ13～15kg）
MG　45%以上

Samsoe
サムソー
風味優れるサムソー・リンド

デンマークのサムソー島原産。牛の全脂乳から作られる。マリボーと同じく、円盤状のものと角盤状のものがあり、前者は黄金色の外皮（＝リンド）に覆われ、後者は外皮のないリンドレス。いずれも中身は黄色みを帯びたアイヴォリーで、引き締まり、小さい気孔が不規則に入る。

味はリンドがあるほうが優れ、バターに似た風味と甘み、かすかに酸味が感じられる。5か月ほど熟成させると、はしばみを思わせる風味を帯びる。リンドレスは加熱するとまろやかに溶けることから、料理用も可。

data

産地　デンマーク
原料乳　牛乳
形状　円盤状（直径44cm、高さ約10cm、重さ約15kg）角盤状（一辺38cm、高さ10cm、重さ約15kg）
MG　45%以上

Morbier
モルビエ
中央部に黒い線が一本入っているのが特徴

フランスのフランシュ＝コンテ地方で作られる牛乳製チーズ。伝統的には、型の半分の高さまで凝乳（＝カード）を入れ、その表面に乳を温めた釜の底の煤《すす》をぬる（元来は虫除けが目的）。翌朝、その上から型がいっぱいになるまで凝乳を入れ、圧搾、成型。切り分けたとき、中央部に黒い線が一本水平に入るのが特徴。現在は、炭を用いて黒い線を飾りに入れる。熟成期間は2か月。表皮は薄い灰褐色。中身は淡黄色で引き締まり、弾力がある。かすかに乳の香りを残す甘みを持つマイルドな風味。

data

産地　フランス
原料乳　牛乳
形状　円盤状（直径30〜40cm、高さ6〜8cm、重さ5〜9kg
MG　45%以上

Port-Salut
ポール＝サリュ
軽いウォッシュの風味

フランス、ロワール地方（メーヌ地方）原産の「ポール＝デュ＝サリュ」を手本に作られたチーズ。ポール＝サリュは商標名で、ポール＝デュ＝サリュとはまったく別なもの。

原料は牛乳の殺菌乳。熟成は約1か月。表皮は洗って仕上げる。中身は白っぽいアイヴォリーで、押すとはね返る弾力がある。しっとりとして、なめらかな中身は、バターのような風味の中に軽い酸味があり、ウォッシュの軽い風味と、かすかにピリッとした刺激を伴うのが特徴である。

data

産地　フランス
原料乳　牛乳
形状　円盤状（直径約20cm、高さ約4cm、重さ1.3〜1.5kg／380gの小型もある
MG　50%

ベル・パエーゼ

Bel Paese

イタリアで人気のソフトなチーズ

1906年、イタリアのガバーニ社が作り出したチーズ。イタリアの地図と僧侶の絵を描いた緑色の包装紙が目印。

data

産地　イタリア
原料乳　牛乳
形状　円盤状（直径20cm、高さ5cm、重さ2.5kg）
MG　45〜50%

原料乳は牛乳。熟成期間は6〜8週間。凝乳（＝カード）は加熱しないので、中身はやわらかいが、弾力のあるやわらかさで、カマンベールのように流出することはない。色は薄い乳白色。組織は緻密だが、小さな孔がところどころに見られる。

味わいはマイルドでクリーミー。ミルクの甘みと軽い酸味が心地よく感じられ、口当たりもソフトでなめらかである。

プロヴォローネ

Provolone

そのまま食べても調理をしても楽しめる

原産はイタリア南部。現在は主にイタリア北部で作られる。

原料は牛乳。モッツァレッラやカチョカヴァッロのように、凝乳（＝カード）を熱湯の中で練って作るタイプで、中身は餅のような弾力があり、糸状に裂ける。熟成が若く（2〜4か月）穏やかな味のドルチェと、長く熟成させた（6か月〜1年以上）シャープな味のピカンテがある。

加熱するとなめらかに溶け、よく伸びる。そのまま食べても十分美味だが、料理に使うと、またひと味違った美味しさが楽しめる。

data

産地　イタリア
原料乳　牛乳
形状　本来はボール型だったが、今では洋梨型、フラスコ型、ソーセージ型、メロン型など。重さ通常1〜2kgだが、大型のものは90kgにも達する
MG　40〜45%

ラクレット（手前）とミモレット（奥）。セミハード＆ハードタイプのチーズは大型のものが多い。

チーズの名前は保護されている!!

ストレーザ協定って何?

Convention de Stresa

たとえ技術的に可能でも日本で「ゴルゴンゾーラ」という名前のチーズを作ることはできません。なぜなら、ヨーロッパではチーズの名前は勝手に使用することはできず、保護されているからなのです。

第2次世界大戦後、貿易や国際交流の発展に伴い、フランスのカマンベールやスイスのエメンタール、オランダのゴーダなどのチーズが、原産国以外の国々で生産されることが目立って増えてきました。

この事態を重く見たヨーロッパ各国は、長い伝統に培われた各国のチーズの名称が不当に乱用されないよう「ストレーザ協定」を設置。１９５２年5月19日、ローマにおいて、フランス、イタリア、スイス、オランダ、オーストリア、デンマーク、スウェーデン、ノルウェーの8か国によって調印されました。

この協定により、チーズは2つのグループに分類され、名称が保護されています。

また、伝統的な原産地名称チーズをたくさん持つフランスやイタリアでは、ストレーザ協定に加盟後、直ちに原産地名称制度を立法化し（制度自体は協定加盟以前から存在）、現在に至るまで、ＡＯＣチーズ育成強化に取り組んでいます。

A グループ

原産国による強い保護を受け、
他国では名称を使用できないもの

1. **ロックフォール**（フランス）
2. **ペコリーノ・ロマーノ**（イタリア）
3. **パルミジャーノ・レッジャーノ**（イタリア）
4. **ゴルゴンゾーラ**（イタリア）

B グループ

次の条件を満たせば、協定に加盟している国では、その名称を使用できる。

条件1　そのチーズ本来の独特の製法で作られている。

条件2　パッケージに原産地と同じ活字、サイズ、色を使った生産国の表示をつける。

1. **カマンベール**（フランス）
2. **ブリー**（フランス）
3. **サン=ポーラン**（フランス）
4. **フォンティーナ**（イタリア）
5. **アズィアーゴ**（イタリア）
6. **プロヴォローネ**（イタリア）
7. **カチョカヴァッロ**（イタリア）
8. **エメンタール**（スイス）
9. **スプリンツ**（スイス）
10. **グリュイエール**（スイス）
11. **ピンツガーナ・ベルケーゼ**（オーストリア）
12. **ゴーダ**（オランダ）
13. **エダム**（オランダ）
14. **ライデン**（オランダ）
15. **フロマージュ・ド・フリーズ**（オランダ）
16. **サムソー**（デンマーク）
17. **ダナブルー**（デンマーク）
18. **マルモラ**（デンマーク）
19. **ダンボー**（デンマーク）
20. **マリボー**（デンマーク）
21. **ハヴァティ**（デンマーク）
22. **フィンボー**（デンマーク）
23. **エルボー**（デンマーク）
24. **ティボー**（デンマーク）
25. **スヴェシア**（スウェーデン）
26. **ベルゴードオスト**（スウェーデン）
27. **アデルオスト**（スウェーデン）
28. **グッベランスダールオスト**（ノルウェー）
29. **ヌーケルオスト**（ノルウェー）

ひとつの村にひとつのチーズ

フランスのＡＯＣとは？

ワインで有名なＡＯＣはチーズにもあります。このＡＯＣによってフランスチーズは保護されているのです。

　元来、チーズは、たとえ原料乳の種類が同じであっても、そのチーズが作られる土地の地質や気候によって、風味が微妙に異なるものです。

　特に、平地、渓谷、山岳地帯など、変化に富んだ地形と気候風土に恵まれたフランスには、「ひとつの村にひとつのチーズ」といわれるほど多種多様なチーズがあり、いずれも、その土地ならではの特色を持っています。

　その原産地の特色を守るべく、フランスには、ワイン、オー・ド・ヴィ（ブランデー）、酪農製品、農産食品を対象に、ある特定の製品が特定の地方で作られた高

AOCを名乗るための条件

1. その土地独自の伝統に忠実に製造されていること。
2. 厳密に限定された地域で製造、熟成されていること。
3. 乳脂肪分、香り、味、形、外観など一定の品質検査をクリア。

品質なものであることを保証する制度があります。

これをＡＯＣ（Appellation d'Origin Controlee＝原産地統制名称制度）といいますが、フランスチーズもまたＡＯＣによって管理されています。

この制度の下で、各チーズが正式な名称を名乗るためには、上記のような条件が求められます。この条件を満たしたものだけがＡＯＣチーズとして認可を受け、違反者には３か月〜１年の懲役と３００〜２万フランの罰金が課せられることになっています。

99年現在、フランスのＡＯＣチーズは36種類ありますが、現在もなお数種が申請中で、その数は今後も増えていくと思われます。

36種類については、次ページの一覧表で紹介します。

フランスAOCに認定されているチーズ

タイプ	チーズ名	原料乳	取得年月	参照
白かびタイプ	シャウルス	牛乳	1977年	122ページ
	ヌーシャテル	牛乳	1977年	123ページ
	ブリー・ド・モー	牛乳	1980年	116ページ
	ブリー・ド・ムラン	牛乳	1980年	117ページ
	カマンベール・ド・ノルマンディ	牛乳	1983年	118ページ
ウォッシュタイプ	リヴァロ	牛乳	1975年	136ページ
	マロワール	牛乳	1976年	137ページ
	ポン＝レヴェック	牛乳	1976年	132ページ
	マンステール／マンステール・ジェロメ	牛乳	1978年	134ページ
	モン＝ドール／ヴァシュラン・デュ・オー・ドゥー	牛乳	1981年	138ページ
	エポワス・ド・ブルゴーニュ	牛乳	1991年	139ページ
	ラングル	牛乳	1991年	140ページ
シェーヴルタイプ	セル＝シュル＝シェール	山羊乳	1975年	152ページ
	クロタン・ド・シャヴィニョル	山羊乳	1976年	150ページ
	プリニー＝サン＝ピエール	山羊乳	1976年	151ページ
	ピコドン・ド・ラルデシュ／ピコドン・ド・ラ・ドーム	山羊乳	1983年	153ページ
	サント＝モール・ド・トゥーレーヌ	山羊乳	1990年	154ページ
	シャビシュー・デュ・ポワトゥ	山羊乳	1990年	156ページ
	ロカマドゥール	山羊乳	1996年	157ページ
	ヴァランセ	山羊乳	1998年	148ページ
青かびタイプ	ブルー・ドーヴェルニュ	牛乳	1975年	170ページ
	フルム・ダンベール／フルム・ド・モンブリゾン	牛乳	1976年	173ページ
	ブルー・デュ・オー・ジュラ／ブルー・ド・ジェクス／ブルー・ド・セモンセル	牛乳	1977年	171ページ
	ロックフォール	羊乳	1979年	164ページ
	ブルー・デ・コース	牛乳	1979年	172ページ
	ブルー・デ・ヴェル＝サスナージュ	牛乳	1998年	——
セミハード&ハードタイプ	ボーフォール	牛乳	1976年	189ページ
	グリュイエール・ド・コンテ／コンテ	牛乳	1976年	200ページ
	ルブロション	牛乳	1976年	195ページ
	ライヨール	牛乳	1976年	193ページ
	サレール	牛乳	1979年	——
	サン＝ネクテール	羊乳	1979年	194ページ
	カンタル／フルム・ド・カンタル	牛乳	1980年	192ページ
	オッソー＝イラティ＝ブルビ・ピレネー	牛乳	1980年	196ページ
	アボンダンス	牛乳	1990年	——

※ブロッチェもAOCですが、乳清が原料であるためこの表には含んでいません。

part 4
cheese shop 22

チーズショップ22

「チーズを買おう」と思ってもなかなか品揃えのよい店は少ないもの。
ここでは日本全国のチーズの種類が豊富な店を集めました。
ぜひ、行ってみてください。

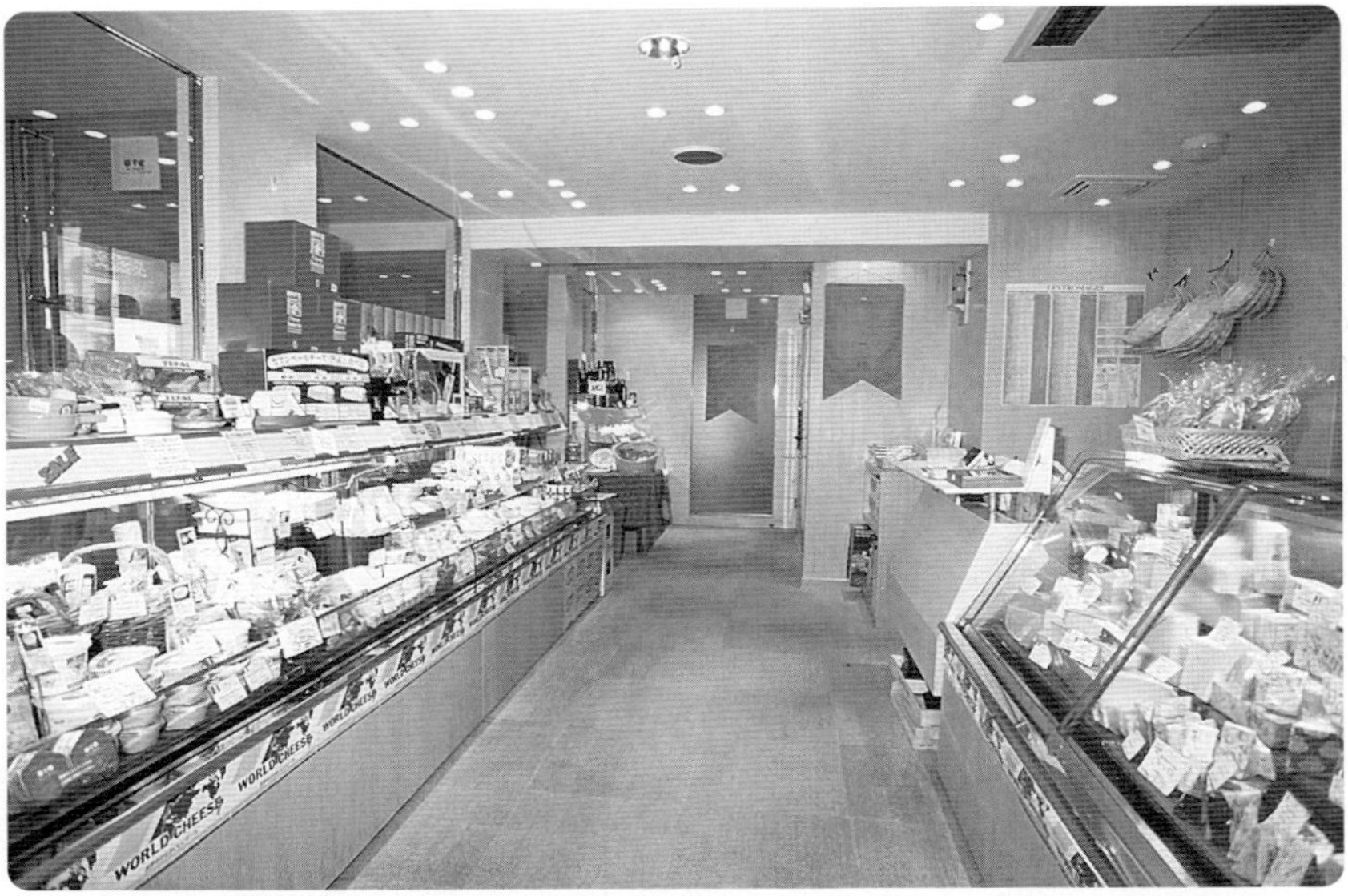

至る所に珍しいチーズが。全てに大きな説明書きがついているので安心。

東京 メゾン デュ フロマージュ ヴァランセ

表参道と明治通りの交差ーズ模様の窓が目印。

素敵なレストランで チーズづくしのコースを楽しんでみては

フランスを中心に欧州8カ国のほか、オセアニアやアメリカなど常時200種類以上のチーズが揃うお店。2人のシュバリエ（チーズ鑑評騎士）がいつでも質問に応じてくれるのが魅力です。併設のレストランでは創作チーズ懐石（¥3500）やチーズづくしのコース料理（¥2800）が楽しめます。通販やインターネットでも購入可能。

DATA

東京都渋谷区神宮前6-5-6　サンポウビル1F
☎ 03-5466-2601　営 11：00〜22：00　休 毎月第3月曜
レストラン有り　営 11：30〜22：30（21:30LO）
ランチ11:30〜14:30（土日祝〜15:30）、ディナー18:00〜22:30（土日祝17:30〜）

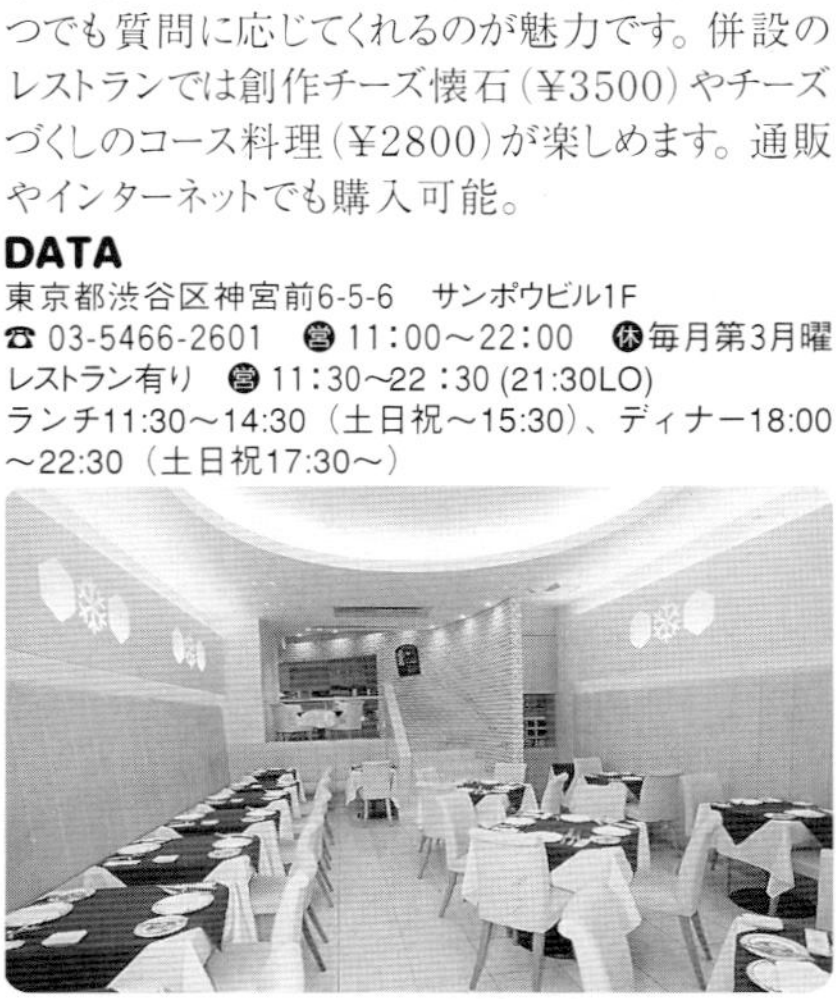

一流レストランを思わせる素敵な店内。ほかに個室っぽく区切られた席もあり予約が可能。おすすめランチは¥１３００。

たくさんのチーズが所狭しとならぶ細長い店内。メンバーになれば（年会費¥１５００）、全て５％ＯＦＦといううれしい特典も。

ホールからカットまで150種類以上のチーズが並びます。8種類のチーズがのった日替わりチーズプレート（¥1500）もおすすめ。

明るく広い店内は、入りやすいアットホームな雰囲気です。

東京 チーズクラブ 広尾店

専門店だからこそ味わえる幻のチーズをぜひ一度食べてみて

レストランで食べたおいしいチーズが、その場で手にはいる、専門店ならではのお手軽さがうれしいお店。その日のおすすめチーズ8種類の中から1カット¥200でお好みのチーズを食べることもできます。ここでしか買えない幻のブルーチーズ、デンマーク産のミセラ（100g¥400）はおすすめの逸品。

DATA
東京都渋谷区広尾5-5-1　いがらしビル1F
☎03-5420-7905　営11：00〜22：00　休月曜　レストラン有り　取扱チーズ：150種類以上　支店：札幌店

セル＝シュル＝シェールのフェルミエ。左がフレッシュ、右が熟成3週間。

東京 アロマッシモ銀座二丁目店

パリのチーズ屋さんのようなかわいらしい店内が自慢です

店内に熟成庫があり、いつでも食べごろのチーズが楽しめる専門店。ショーケースには熟成段階によってチーズが飾ってあるので、見ているだけでも楽しめます。親会社がワインメーカーというだけあって、常時いるチーズマスターはワインにも精通しています。好きなワインに合うチーズなどを気軽に相談してみては。

DATA
東京都中央区銀座2-5-18　☎03-3535-4747　営12：00〜20：00　日〜19：00　休無し　支店：銀座八丁目店　☎03-3572-6650　休月　取扱チーズ：200種類以上　たくさんのチーズが所狭しとならぶ細長い店内。メンバーになれば（年会費¥1500）、全て5%OFFといううれしい特典も。

銀座の裏通りにひっそりとたたずむ知る人ぞ知るチーズの名専門店。

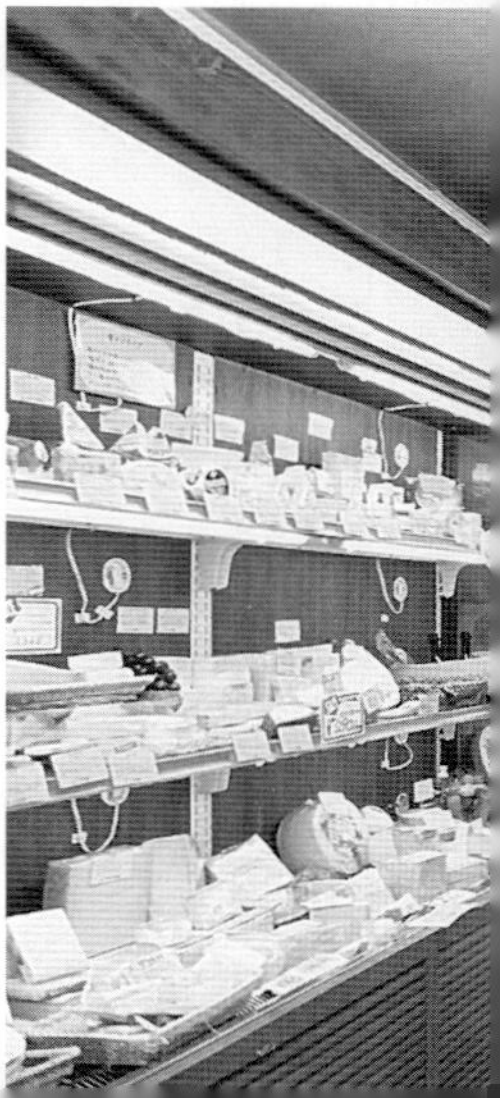

東京 ミルク倶楽部

日本の酪農家のための普及活動をコンセプトに掲げる国産ナチュラルチーズ専門店。サロンでも楽しめるチーズケーキやチーズマフィンは全て手作り。国内チーズコンテスト最優秀賞授賞のラクレット(100g￥350)は、海外に負けません。

DATA

東京都千代田区大手町1-8-3　JAビル地下1階　☎ 03-3245-1291　営 8:30～19:00　休 土日祝　サロン有り(営～18:30)取扱チーズ:60種類以上

東京 チーズ屋さん

40年もの歴史を持つチーズ輸入専門商社の直営店。知識豊富な専門スタッフが対応してくれるので、初めての人でも安心です。オランダ産の48か月熟成ゴーダ(100g￥420)は、一度は試してみたい珍味。専門店ならではの品揃えです。

DATA

東京都千代田区有楽町2-5-1　有楽町阪急内B1F食品売場　☎ 03-3575-2198　営 10:30～20:00　日祝～19:30　休 火曜不定　取扱チーズ:250種類以上

横浜 "チーズのお店" FROMAGERIE TROISD'OR

フランス産を中心に世界のチーズが200種類以上と豊富に揃うお店。併設のカウンターではその場でチーズを楽しめます。おすすめは5種類のチーズとパン、白or赤ワイン、またはコーヒーor紅茶がセットになったチーズセット(￥800～900)。

DATA

神奈川県横浜市西区みなとみらい2-3-2　クイーンズイースト㈱よこはま東急百貨店B1　☎ 045-682-2639　営 11:00～20:00　休 不定休　イートイン可

東京 フェルミエ

フェルミエの名のとおり、地方色あふれる農家製の珍しいチーズが豊富。ほとんどのチーズが試食可能なので、買って失敗した、ということもありません。初めてのチーズをティールームでグラスワイン(￥400)とともに楽しんでみては。

DATA

東京都港区愛宕1-5-3　愛宕ASビル　☎ 03-5776-7720　営 11:00～19:00　休 日祝　ティールーム(チーズの試食可)有り　取扱チーズ:150種類以上

神戸 チーズショップ カマンベール

アットホームな雰囲気の中、店員さんに質問したり試食をしたりして、ゆっくりと商品選びができるお店。世界各国のチーズが常時300種類以上。チーズ以外の輸入食材も豊富です。本格チーズ料理の材料はほとんどここで揃います。

DATA
兵庫県神戸市灘区弓木町5-3-19　☎ 078-856-3222 営 11：00～20：00　土10：00～20：00　休無し　レストラン“ラミデュ カマンベール”　営11：00～23：00 月～18：00　休無し

静岡 vinos やまざき

ワインの直輸入をメインに取り扱っているお店なので、好きなワインに合うチーズを見つけることができます。フランス、イタリアをはじめ各国のチーズが常時100種類以上。熟成期間の長いミモレット24カ月（100g￥1080）は通好みの逸品。

DATA
静岡県静岡市常磐町2-2-13　☎ 054-251-3607
営 9：30～21：00　日祝12：00～20：00　休無し

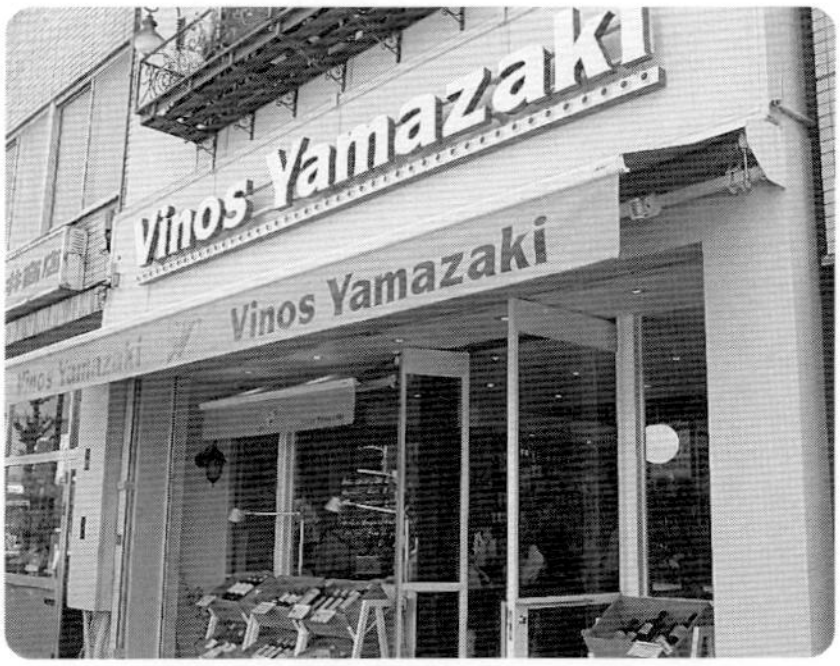

神戸 ジェリィズ デリ

店内には世界のチーズが200種類以上も。18か月熟成させたミモレットはおすすめの逸品です。隣のビルの2階にあるレストランでは、チーズフォンデュ（￥1500～）など、本格チーズ料理をリーズナブルに楽しむことができます。

DATA
兵庫県神戸市東灘区向洋町中5-15-110　ジ・アンタンテ1F
☎ 078-857-5108　営 10：00～20：00　休木曜不定 レストラン“ファン ド ジェリィ” 営 11：30～14：00 17：00～21：00LO

大阪 フロマージュ

店内に厨房があるため、100gからのオーダーカットをしてくれます。不定期で農家製などの珍しいチーズを入荷し、新商品が到着したときには年に数回送られるダイレクトメールでお知らせしてくれます。思わぬ逸品に出会えるかもしれません。

DATA
大阪府大阪市北区角田町8-7　阪急百貨店大阪梅田本店B1階　☎ 06-6361-1381　営 10：00～20：00　休火曜不定　取扱チーズ：200～300種類以上

スーパー・デパート地下にはまだまだいっぱい

品揃え豊富なチーズショップ

東京

チーズ王国

マイシティB2

DATA

東京都新宿区新宿3-38-1新宿マイシティB2　☎03-5379-7729　営10:00～21:00　休元旦、8月第3水曜

ヨーロッパ全般、主にフランスやオーストリアなどのオリジナルチーズをセレクト。最近では南半球のチーズにも力を入れています。取扱チーズは300種類以上、常時200種類以上のチーズが店頭に並ぶ豊富さです。また、業務用ケース販売のコーナーもあります。

東京

伊勢丹新宿店 チーズコーナー

本館B1グローサリー

DATA

東京都新宿区新宿3-14-1　☎03-3352-1111　営10:00～19:30　休水曜不定　取扱チーズ:250種類以上

パリの〈マリーアンヌカンタン〉ショップがオープンし、さらにフランスチーズが充実。AOCは、ほぼ網羅しています。店頭には常時チーズアドバイザーがいるので安心。また隣がワインショップになっているので、チーズとの組み合わせを楽しみながら買物できます。

東京

西武百貨店 池袋店 食品館

B1 ギフトデリカ チーズ売場

DATA

東京都豊島区南池袋1-28-1　☎03-3981-0111
営10:00～20:00　金～21:00　休火曜不定

ホールのチーズを好みのサイズにカットして購入できるお店。色々なチーズを試してみたいという人のために「スモールサイズコーナー」も併設。チーズカットの詰め合わせ(¥1000～)で初めてのチーズにも気軽に親しめます。

東京

紀ノ国屋インターナショナル

DATA

東京都港区北青山3-11-7　☎03-3409-1231　営9:30～20:00　休1月1～3日　取扱チーズ:300種類以上

昭和39年、日本で初めてナチュラルチーズの空輸を始めたお店。フランス、イタリアを中心にデンマーク、ノルウェーと300種類以上の品揃えを誇ります。プラムのブランデーでウォッシュしたミラベラ(150g¥1400)はおすすめ。

東京

明治屋広尾ストアー

DATA

東京都渋谷区広尾5-6-6広尾プラザ1階　☎03-3444-6221　営10:00～21:00　休無し　取扱チーズ:200種以上

店内には熟成庫があり、熟成させ食べ頃のチーズを店頭に置いています。チーズはフランス、イタリア、オランダ、スペイン産など常時200種類以上。また、毎週末には数種類のチーズの試食販売もしているので要チェックです。

神奈川

横浜そごう ワールドチーズコーナー

横浜そごうB2

DATA

神奈川県横浜市西区高島2-18-1横浜そごうB2 ☎045-465-2111 ㊔10:00〜19:30 ㊡火曜(不定休)

食べやすいセミハード系が多いデンマーク産や、スイス、オランダ産のものなど約15ヵ国のチーズが揃います。中でもフランスチーズは60種以上と豊富。農薬、化学肥料を使わないオーガニックチーズなどもおすすめです。

愛知

名古屋三越 栄本店B1F チーズの国

名古屋三越B1

DATA

愛知県名古屋市中区栄3-5-1名古屋三越栄本店B1F ☎052-252-1909 ㊔10:00〜19:00 ㊡火曜不定

各国のチーズを7タイプに分類。試食もでき初めての人でも安心。人気のミモレットは、熟成期間が3か月〜24か月まで3種類が揃います。24か月(100g¥1000)はコク、旨みともに十分でワインはもちろん日本酒にもよく合います。

京都

大丸京都店 B1F グロッサリーコーナー

大丸京都店B1F

DATA

京都府京都市下京区四条高倉 ☎075-211-8111 ㊔10:00〜19:30 ㊡水曜不定

それぞれのチーズについて、原産国や特徴などを分かりやすく表記してあるので、チーズ初心者でも安心して購入することができます。週替わりで2〜3品あるお買い得チーズは、新しいチーズにチャレンジする絶好のチャンスです。

大阪

阪神百貨店 チーズ売場

阪神百貨店B1F

DATA

大阪府大阪市北区梅田1-13-13 ☎06-6345-1201 ㊔10:00〜19:30 ㊡水曜不定 取扱チーズ:250種類以上

フランス、イタリアなど海外のものから日本のチーズまで幅広く充実。ペック トルタアルサルモネ(100g¥1350)はマスカルポーネチーズとスコットランド産スモークサーモンをサンドした人気の商品です。

福岡

IWATAYA Z・SIDE (イワタヤ ジー・サイド)

B1 チーズコーナー

DATA

福岡県福岡市中央区天神2-5-35 ☎092-726-1111 ㊔10:30〜20:00、土日祝10:00〜20:00 ㊡第3火曜不定

イタリア、フランスを中心に、世界約20ヵ国のチーズが揃います。世界最古のチーズといわれるギリシャフェタ(100g¥600)や、焼いてから食べるキプロス共和国産のハロウミ(¥1000)といったような、珍しいチーズも。

北海道

丸井今井・札幌 グローサリー売場

大通館B2

DATA

北海道札幌市中央区南1条西2-11大通館地下2階 ☎011-205-1151(代) ㊔10:00〜20:00 ㊡水曜不定

フランス、イギリス、ギリシャなど常時約100種のチーズが揃います。おすすめはブルサンガーリック(150g¥1500)やラクレット(100g¥530)など。週替わりで2種類、試食販売をしているのでお好みのチーズを発見できるかも。

index

チーズINDEX

ア

アフィネ・オ・シャブリ（ウ）……142
イェトスト（ハ）……202
ヴァシュラン＝モン＝ドール（ウ）……138
ヴァランセ（シ）……148
エクスプロラトゥール（白）……127
エダム（ハ）……188
エポワス・ド・ブルゴーニュ（ウ）……139
エメンタール（ハ）……186
オッソー＝イラティ＝ブルビ・ピレネー（ハ）……196

カ

カチョカヴァッロ（ハ）……198
カッテージチーズ（フ）……113
カプリス・デ・ディユー（白）……128
ガプロン（白）……124
カマンベール・ド・ノルマンディ（白）……118
カンタル（ハ）……192
カンボゾーラ（青）……174
クータンセ（白）……128
クリームチーズ（フ）……110
グリュイエール（ハ）……187
クロタン・ド・シャビニョル（シ）……150
クロミエ（白）……120
ゴーダ（ハ）……180
ゴルゴンゾーラ（青）……40、72、82、166
コンテ（ハ）……200

サ

サムソー（ハ）……204
サン＝タンドレ（白）……129
サント＝モール・ド・トゥーレーヌ（シ）……154
サン＝ネクテール（ハ）……194

料理INDEX

ア

カマンベール……56、80
クリームチーズ……34
グリュイエール……48、54、74
クロタン・ド・シャビニョル……50

タ

タレッジョ……72
トム・ド・サヴォワ……46、58

ハ

パルミジャーノ・レッジャーノ……62、66、68、72、
……76、82、86
フォンティーナ……60、72
プロヴォローネ……42
フロマージュ・ブラン……36、76
ペコリーノ……62、70

マ

マスカルポーネ……78
マンステール……84
モッツァレッラ……52、64、78

ラ

ライヨール……46
ラクレット……46
リコッタ……38、86、88
ロックフォール……44

ブルサン（フ）……101
ブルソー（白）……126
フルム・ダンベール（青）……173
プロヴォローネ（ハ）……206
フロマージュ・ブラン（フ）……100
ペコリーノ・ロマーノ（ハ）……185
ペラルドン（シ）……158
ベル・パエーゼ（ハ）……206
ボーフォール（ハ）……189
ポール＝サリュ（ハ）……205
ポン＝レヴェック（ウ）……132

マ

マスカルポーネ（フ）……106
マリボー（ハ）……204
マロワール（ウ）……137
マンステール（ウ）……134
ミモレット（ハ）……199
モッツァレッラ・ディ・ブファラ（フ）……108
モルビエ（ハ）……205
モンブリヤック（青）……176

ラ

ライヨール（ハ）……193
ラクレット（ハ）……182
ラミ・デュ・シャンベルタン（ウ）……141
ラングル（ウ）……140
リヴァロ（ウ）……136
リコッタ（フ）……107
リゴット（シ）……160
ルイ（ウ）……145
ルブロション（ハ）……195
ロカマドゥール（シ）……157
ロックフォール（青）……164
サン＝マルスラン（フ）……103
シェヴリドール・オリーヴ（シ）……160
シャウルス（白）……122
シャビシュー・デュ・ポワトゥ（シ）……156
シュプレーム（白）……127
ショーム（ウ）……144
スカモルツァ（フ）……113
スティルトン（青）……168
セル＝シュル＝シェール（シ）……152

タ

ダナブルー（青）……175
タレッジョ（ウ）……143
チェダー（ハ）……190
テット・ド・モワンヌ（ハ）……203
ドーファン（ウ）……145
トム・ド・サヴォワ（ハ）……197

ナ

ヌーシャテル（白）……123

ハ

バヴァリア・ブルー（青）……177
バノン・ア・ラ・フイユ（フ）……104
バラカ（白）……126
パルミジャーノ・レッジャーノ（ハ）……184
ハロウミ（フ）……112
ピエ・ダングロワ（ウ）……144
ピコドン・ド・ラルデシュ（シ）……153
フェタ（フ）……112
フォンティーナ（ハ）……181
ブリー・ド・ムラン（白）……117
ブリー・ド・モー（白）……116
プリニー＝サン＝ピエール（シ）……151
ブリヤ＝サヴァラン（フ）……102
ブルー・デ・コース（青）……172
ブルー・ド・ジェクス（青）……171
ブルー・ド・ブレス（青）……176
ブルー・ドーヴェルニュ（青）……170

撮影協力

チーズ屋さん
東京都千代田区有楽町2-5-1有楽町阪急内B1
Tel. 03-3575-2198

ニイミ
東京都台東区松が谷1-1-1
Tel. 03-3842-0213(代)

メゾン デュ フロマージュ ヴァランセ
東京都渋谷区神宮前6-5-6サンポウビル1F
Tel. 03-5466-2601

アロマッシモ銀座二丁目店
東京都中央区銀座2-5-18
Tel. 03-3535-4747

世界チーズ商会
東京都中央区勝どき2-4-11
Tel. 03-3531-4326

東急ハンズ渋谷店
東京都渋谷区宇田川町12-18
Tel. 03-5489-1111(代)

チーズクラブ広尾店
東京都渋谷区広尾5-5-1いがらしビル1F
Tel. 03-5420-7905

カタログ撮影	大内光弘
	北村美和子
料理撮影	宮本　進
料理スタイリング	佐々木るりこ
写真協力	チェスコ株式会社
イラスト	齋藤正光
図版	ハッシイ
デザイン	中村タマヲ
執筆協力	岸本明子
編集制作	バブーン

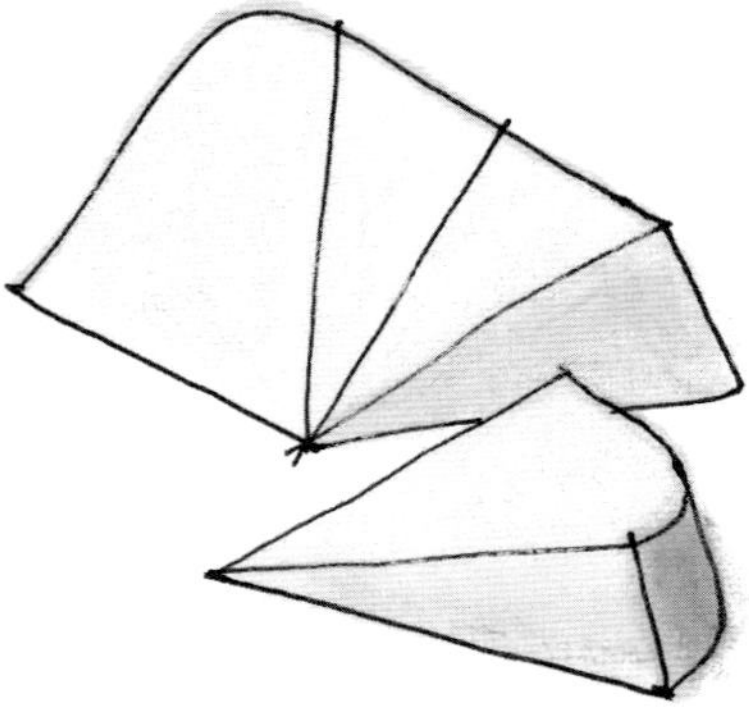

参考文献　世界のチーズ要覧(飛鳥出版)、世界のワイン&チーズ事典(三陽出版貿易)、 チーズ図鑑(文藝春秋)、チーズすてきレシピ(主婦と生活社)、チーズ魅力のすべて(チーズ&ワインアカデミー東京)、マルシェ(講談社)、ラ・ルースチーズ事典(三陽出版貿易)

●監修者紹介

中川定敏（なかがわさだとし）

1946年北海道生まれ。

1965年雪印乳業㈱大樹工場に入社し、ゴーダ・チーズなどさまざまなチーズ製造に関わる。

1988年フランスでチーズの熟成を勉強し、帰国後日本初のチーズ熟成管理士となる。

1993年東京原宿のチーズショップ＆レストラン「ヴァランセ」の支配人兼熟成管理士に。

1998年よりチーズ＆ワインアカデミー東京にてチーズ講師を務めている。

チーズ

監修者　中川定敏
発行者　富永弘一
印刷所　慶昌堂印刷株式会社

発行所　東京都台東区台東4丁目7　株式会社 新星出版社
〒110-0016　電話(3831)0743　振替00140-1-72233

ISBN4-405-09662-7